C Schröder

Über Atropinkuren gegen Kurzsichtigekeit

C Schröder

Über Atropinkuren gegen Kurzsichtigekeit

ISBN/EAN: 9783743657632

Hergestellt in Europa, USA, Kanada, Australien, Japan

Cover: Foto ©berggeist007 / pixelio.de

Weitere Bücher finden Sie auf **www.hansebooks.com**

UEBER

ATROPINKUREN

GEGEN

KURZSICHTIGKEIT

VON

DR. MED. C. SCHRÖDER

IN CHEMNITZ.

———————

LEIPZIG,

VERLAG VON WILHELM ENGELMANN.

1874.

1.

Eine Theorie der Myopie ist erst seit verhältnissmässig kurzer Zeit bekannt. Es kann dies einigermassen befremden, da die zu denselben führenden Bahnen schon seit Jahren geebnet sind. Dass man erst in neuerer Zeit angefangen hat die Myopie zu behandeln, hat seinen Grund darin, dass man noch in der alten Lehre von der Ursache derselben befangen war, und glaubte einem angeborenen Uebel gegenüber therapeutisch ohnmächtig zu sein.

Was dieselbe über Begriff und Diagnose der Kurzsichtigkeit sagt, gilt noch heute und ist bekannt; auf dem Gebiete der Aetiologie und Therapie der Myopie haben sich die Anschauungen indessen erweitert.

Aetiologie und Therapie der Myopie.

In vielen Fällen ist die Myopie angeboren, aber bei Weitem nicht in der Häufigkeit, wie vor nicht allzulanger Zeit angenommen wurde; vielmehr kann die Myopie wie uns Donders*), namentlich aber Dobrowolsky**) und nach ihm Erismann***) gelehrt haben, häufig genug auch erworben werden.

---

*) Die Anomalien der Refraction und Accommodation des Auges. Wien 1866. S. 287 u. 288.

**) Beiträge zur Lehre von der Anomalie, der Refraction und Accommodation des Auges. Klinische Monatsblätter für Augenheilkunde. 7. Jahrgang. Ausserordentliches Beilageheft.

***) Ein Beitrag zur Entwickelungsgeschichte der Myopie, gestützt auf die Untersuchung der Augen von 4353 Schülern und Schülerinnen. A. f. O. XVII. 1. S. 1.

Die von Dobrowolsky in seiner Arbeit niedergelegten Hauptsätze sind:

1) Viele Fälle von wahrer Myopie sind mit einem Krampf des Ciliarmuskels complicirt, der bekanntlich symptomatisch wenigstens einen höheren Grad der Myopie vortäuscht. Dies Vorkommen war Donders und Junge wohl bekannt, doch legten sie demselben keine Bedeutung bei.

2) Der Accommodationskrampf ist im Stande, bei einem vorher nicht kurzsichtigen Auge symptomatisch Myopie vorzutäuschen und mit der Zeit wahre Kurzsichtigkeit zu erzeugen.

3) Gegen die ad 1 und 2 genannten Fälle ist die Anwendung von Atropin indicirt, weil dasselbe durch Hebung des Krampfes den Grad der Myopie zu vermindern resp. vollständig zu beseitigen im Stande ist.

Diese Sätze sind von den verschiedensten Beobachtern*) bestätigt worden. Offenbar muss somit Dobrowolsky als Begründer der eigentlichen Atropinkur angesehen werden; wenn auch schon früher in einzelnen Fällen von Accommodationskrampf Atropin angewandt wurde**).

Bei aller Anerkennung der Dobrowolsky'schen Arbeit wird man indessen eine systematische Anwendungsweise des Atropins gegen Myopie in derselben vermissen. Diese Lücke haben Hosch und Schiess (l. c.) mit vielem Fleiss ausgefüllt. Immerhin scheint mir die Zahl der Atropinkuren, über welche die eben genannten Autoren disponiren konnten, eine geringe zu sein; namentlich gilt dies für die Schiess'schen Fälle über — $1/6$; beim Studium meiner Fälle habe ich ferner gesehen, dass die Details der Atropinkur noch eines weiteren Ausbaues bedürfen. Ferner glaube ich die heut zu Tage gangbaren Anschauungen über die Aetiologie der acquirirten Myopie,

---

*) Friedrich Hosch, Ueber die therapeutische Wirkung des Atropin auf myopische Augen. Basel. Ferd. Riehm 1871.

Schiess-Gemuseus, Beitrag zur Therapie der Myopie. Basel 1872.

**) Liebreich, Scheinbare Kurzsichtigkeit bei übersichtigem Bau und Accommodationskrampf. A. f. O. VIII, 1. S. 259.

so wie die Kenntniss des ophthalmoskopischen Befundes bei werdender und bei geringgradiger Kurzsichtigkeit erweitern zu müssen.

Die mit dem Augenspiegel sichtbaren Veränderungen des Augenhintergrundes bei werdender und bei geringgradiger Kurzsichtigkeit.

1) Pigmentveränderungen nach aussen von beiden Papillen in Form kleinerer oder grösserer schwarzen Pigmentheerde mit rosarothen Stellen abwechselnd, die als beginnende Chorioiditis aufzufassen sein dürften. Diese Veränderung habe ich im Gegensatze zu Schiess (l. c. S. 6), nach welchem dieselben gewöhnlich anfangs fehlen sollen, bei meinen zahlreichen Untersuchungen namentlich an den Schülern des Gymnasiums und Realgymnasiums zu Wiesbaden fast eben so häufig gefunden als

2) Retinalveränderungen in den verschiedensten Graden von capillärer Hyperämie der Papillen, auffallend reichlicher Entwickelung der grossen Gefässe bis zur ausgebildeten Retinitis resp. Neuro-Retinitis.

3) Combination von Chorioideal- und Retinalveränderungen. Ein ziemlich häufiger Befund ist beginnende Chorioiditis nach aussen von der Papille, capilläre Hyperämie derselben und reichliche Anzahl grosser Netzhautgefässe. Sobald der Netzhautprocess sich bis zur Trübung des Gewebes steigert, so verdeckt er natürlich den Aderhautprocess. Selbstverständlich ist man dann noch nicht berechtigt, die Chorioidea von der Betheiligung an dem Process auszuschliessen.

Als Folgezustand dieser ophthalmoskopischen Symptome ist die geringere Widerstandsfähigkeit des hinteren Pols für den intraocularen Druck zu betrachten, die aus der serösen Durchtränkung der Augenwandungen an jener Stelle resultiren muss und einen günstigen Boden für die Verlängerung der Augenaxe, für die Progressivität und für die Entstehung der wahren Myopie an vorher nicht kurzsichtigen Augen setzen wird.

Die Prognose der oben beschriebenen Befunde stellt Schiess

nach meinen Erfahrungen richtig. Er sagt S. 6: »so lange es sich um blosse Röthung und Trübung des Opticusgewebes handelt, kann der ganze Process wieder rückgängig werden. Sind einmal choroideale Veränderungen vorhanden, so ist das nicht mehr möglich.«

Zusammenhang des ophthalmoskopischen Befundes mit dem Accommodationskrampf.

Schiess glaubt den ad 2 notirten Augenspiegelbefund direct (= einzig und allein?) auf Rechnung der Consequenzen angestrengter Accommodation setzen zu müssen. Für viele Fälle gebe ich die Richtigkeit dieser Behauptung zu, die sich ja auch leicht beweisen lässt. Bekanntlich ist — abgesehen von der vordern Insertion des Corpus ciliare an die Sclera — am hintern Pole, in der Umgebung des Sehnerveneintrittes, die Verbindung zwischen Aderhaut und letzterer inniger wie an den übrigen Partien zwischen beiden Häuten. An dieser Stelle werden sich die von Hensen und Völkers *) an Hunden und von Coccius **) am Auge des Menschen während des Accommodationsactes nachgewiesenen Locomotionen der Aderhaut vorzugsweise geltend machen und bei krampfhaft angestrengter Contraction des Ciliarmuskels Zerrungen der Aderhaut, und consecutive traumatische Chorioiditis erzeugen können. Dieser Satz gilt sowohl für emmetropische und hypermetropische wie für myopische Augen.

Wäre nun die von Schiess soeben angezogene Ansicht über die einzige Entstehungsweise des ophthalmoskopischen Befundes aus dem Accommodatioskrampf die allein richtige, so müsste ja für das Zustandekommen der acquirirten Myopie nur ein primärer Accommodationskrampf mit secundären Entzündungsprocessen angenommen werden; dem gegenüber glaube ich das Vorkommen von primären Reizzuständen der Aderhaut und Netzhaut betonen zu

*) Ueber den Mechanismus von Accommodation. Kiel 1868.
**) Der Mechanismus der Accommodation des menschlichen Auges. Leipzig 1868.

müssen, die durch Ueberreizung in Folge andauernder Anstrengung
bei schädlicher Beleuchtung erzeugt werden und secundären
Reflexkrampf des Ciliarmuskels bedingen, der seinerseits wieder
nachtheilig auf das ursprüngliche Leiden zurückwirkt.

Für die Richtigkeit dieser Behauptung spricht die Abnahme
der Myopie nach localen Blutentziehungen; dieselbe erfolgt durch
theilweise Erschlaffnung des krampfhaft contrahirten Ciliarmuskels,
nachdem das primäre Leiden des Augenhintergrundes auf anti-
phlogistischem Wege eine Besserung erfahren hat. Diese Erklärung
scheint mir vor der Dobrowolsky's den Vorzug zu verdienen,
wonach die nach Blutentziehungen eintretenden Gradverminderungen der Myopie auf Verkürzung der Augenaxe bezogen werden.
Das plötzliche Eintreten der Axenverkürzung halte ich nicht für
möglich.

Die soeben gegebene Erklärung für die Entstehung des Accom-
modatioskrampfes dürfte beiläufig auch für viele bisher weniger
leicht zu deutende Fälle gelten, wo derselbe ein myopisches Auge
befällt.

In manchen Fällen scheint es sich aber um ein gleichzeitiges
Auftreten der besprochenen Reizzustände und des Accommodationskrampfes zu handeln.

Die Genese der Myopie.

Die Genese der scheinbaren Myopie bedarf nach dem Gesagten
keiner weiteren Erklärung; schwieriger ist die Entstehung der
wahren Myopie, der Axenverlängerung in Folge des Accommodationskrampfes zu erklären.

Zur Entstehung resp. Progressivität der Myopie genügt schon
eine grössere Nachgiebigkeit des hintern Poles gegen den normalen
intraocularen Druck, welche aus dem mehrfach erwähnten Conges-
tionszustande resultiren muss, weil dieselben zur serösen Transsudi-
rung und Erweichung der Gewebe führen. Um so mehr aber muss
ein Ausweichen des hinteren Augenpoles erfolgen, wenn der intra-

oculare Druck erhöht ist. Zur Erhöhung desselben concurriren
verschiedene Factoren:

1) Anhäufung des Auges mit Blut bei vorübergeneigter Haltung
des Kopfes, die namentlich bei jugendlichen Augen, um die es
sich hier vorzugsweise handelt, wegen der nachgiebigen Augenwandungen verderblich wird.

2) Druck der Muskeln auf den Augapfel bei starken Convergenz
der Sehaxen[*]).

3) Die Consequenzen des Accommodationskrampfes selbst.

Gegner der Atropinkur.

Diese finden sich zunächst im Publicum selbst. Die Patienten,
denen der Arzt die Kur vorschlägt, wollen sich derselben nur ungern
unterwerfen, weil sie für 3—4 Wochen zum Nichtgebrauch ihrer
Augen verurtheilt werden und eine Unterbrechung in ihren Berufs-
geschäften, in Schulunterrichte unliebsam oder geradezu unmög-
lich ist.

Es empfiehlt sich dann die Kur in die nächsten Ferien zu ver-
legen. Wenn der Fall aber eine Aufschiebung derselben verbietet,
so hat der Arzt die Pflicht, dem Patienten auf das Entschiedenste
die Gefahr vorzuhalten, die seinen Augen droht, und dass derselbe
dies Opfer, welches ihm die Kur auferlegt, dem Wohle seiner Augen
bringen müsse. Die Klage der Patienten über Blendungserschei-
nungen, wie sie nach erweiterter Pupille vorzukommen pflegen,
kann ich füglich ignoriren, da sie durch das Tragen der blauen
Schutzbrille während der Kur gehoben wird.

Weitere Gegner der Atropinkur sind unter den praktischen
Aerzten und Augenärzt n selber zu suchen.

Als Grund führen dieselben zunächst weniger die Zweifelhaftig-
keit an dem Erfolge während der Kur an, als vielmehr die Frage,
ob die während der Kur erzielte Gradverminderung der Kurzsichtigkeit auch noch nach derselben bestehen bleibt, eine Frage, die

---

[*] v. Hippel aus Grünhagen, Ueber den Einfluss der Nerven auf die Höhe
des intraocularen Druckes. Arch. f. O. XIV., 3. S. 219—258.

a priori zu verneinen sei, weil ja dieselben Schädlichkeiten, welche Myopie erzeugten oder progressiv machten, nach Beendigung der Kur und Wiederaufnahme der früheren Berufsgeschäfte denselben schädlichen Einfluss geltend machen müssten.

Diese theoretisch wenigstens berechtigte Anschauung werde ich weiter unten widerlegen, wo ich über die Andauer des Kurerfolges spreche.

Einen weiteren Grund gegen die Atropinkur sehen manche Aerzte in den Zufällen, welche die Anwendung des Atropins als Gift begleiten können. Dieselben ereigneten sich im Ganzen sehr selten, etwa zu 5—7% aller Fälle.

Dahin gehört zunächst das Gefühl von Trockenheit im Halse. Welche Bedeutung dieser Erscheinung beizumessen ist, geht aus dem Wirkungsmodus des Atropins hervor. In den Lidbindehautsack des Auges eingeträufelt, wirkt dasselbe nicht etwa nach dem Uebergange in das Blut, sondern rein örtlich. Auch jenes Gefühl der Trockenheit ist Folge rein örtlicher Einwirkung auf die Nerven des Schlundes, in welchen die Atropinflüssigkeit aus dem Bindehautsack nach Passirung des Thränen-Nasen-Kanals gelangt.

Weit seltener als dies Gefühl von Trockenheit tritt Schwindel und taumelnder Gang ein.

Dies Symptom, das ich nur ein einziges Mal beobachtet habe, war freilich durch Allgemeinvergiftung hervorgerufen. Dieselbe war aber Folge leichtsinniger Anwendung des Atropins, das in übergrossen Quantitäten eingeträufelt, über die Wange herabfloss und so in die Mundhöhle gelangte. Eine einzige subcutane Injection von Morphium hätte hier sicher obige Erscheinung sofort beseitigt.

Diese Auseinandersetzung wird genügen, die Ungefährlichkeit des Mittels bei vorsichtiger Anwendung zu beweisen.

Wirkung des Atropins und der Atropinkur auf das Auge.

Das Verständniss für den Erfolg der Atropinkur gegen Kurzsichtigkeit wird wesentlich erleichtert, wenn zuvor die Wirkung des Atropins auf das Auge kurz besprochen wird. Aus dieser Kenntniss ergiebt sich dann von selbst, bei welchen Fällen von Myopie die Kur indicirt ist.

Die Wirkung des Atropins auf das Auge ist sowohl eine directe wie eine indirecte:

Die directe Wirkung zerfällt wieder

1) in eine paralysirende. Dieselbe betrifft den Musculus ciliaris und hat je nach der Dosirung des Mittels, Beschränkung resp. gänzliche Aufhebung der Accommodationsbreite zur Folge.

Ein vollständig atropinisirtes Auge sieht also überall da Zerstreuungskreise, wo ein deutliches Sehen allein durch den Act der Accommodation ermöglicht wird. Nur die in dem Fernpunkt (des betreffenden Auges) gelegenen Objecte erscheinen deutlich, weil bekanntlich zur Vereinigung derartiger Lichtstrahlen zu einem möglichst deutlichen Bilde auf der Stäbchen - oder Zapfenschicht der Netzhaut schon die Brechkraft des ruhenden, d. h. nicht accommodirenden Auges genügt.

Die Nutzanwendung dieser Wirkung für die Atropinkur ist klar: überall da, wo es sich um Krampf des Accommodationsmuskels handelt, mag derselbe ein emmetropisches, hypermetropisches oder myopisches Auge befallen, wird das Mittel am Platze sein, und entweder vollständige Beseitigung der symptomatischen Myopie oder Verminderung des Myopiegrades erzielen.

2) Die zweite directe Wirkung ist die spastische.

Vielfache Beobachter, und neuerdings Adamük[*] und Pflüger[**]) haben den Beweis geliefert, dass das Atropin auch eine Herabsetzung des intraocularen Druckes bewirke.

---

[*] De l'action de l'atropine sur la pression intraoculaire. Ann. d'oculistique. T. 63. p. 108—113.
[**] Beiträge zur Ophthalmotonometrie. Inaug. Diss. von Bern. Carlsruhe.

Derselbe wird an Thieraugen geführt mittelst Messungen am Manometer, der in die vordere Kammer eingeführt ist, oder am menschlichen Auge mittelst der Tonometrie; die Methode der Palpation, wie sie sonst zur Prüfung der intraocularen Druckhöhe ausgeübt wird, reicht hier nicht aus.

Nach Adamük (l. c.) ist die Herabsetzung des intraocularen Druckes begründet in der Contractur intraoculärer Gefässe, welche einmal einen Theil des Blutdruckes neutralisirt, andererseits die Transudation aus den Gefässen vermindert. Kürzer gesagt wäre somit die durch das Atropin gesetzte Druckverminderung auf Vergrösserung der Filtrationswiderstände der Augengefässe zu beziehen.

Ein Analogon der combinirten paralytisch-spastischen Wirkung des Atropins soll die Iris bieten, deren Pupillenerweiterung nach der Einträuflung des Mittels nicht allein durch Lähmung der den sphincter iridis versorgenden Oculomotoriusästchen erfolge, sondern auch durch Reizung des vom Sympathicus innervirten, radienförmig verlaufenden Musc. dilatator pupillae *).

Dass diese Erklärung für die andauernde Druckherabsetung stichhaltig ist, glaube ich nicht, da eine spastische Contraction der Gefässmuskulatur bald von einer durch Ueberreizung erzeugten Erschlaffung und Erweiterung der Gefässe aufgelöst werden müsste, wie dies z. B. bei der Anwendung der Elektricität beobachtet wird**).

Mag aber die in Rede stehende Erklärung richtig sein oder nicht, die andauernde Herabsetzung des Augenbinnendruckes nach der Anwendung des Atropins bleibt ausser Zweifel gestellt.

Es muss aber hier betont werden, dass dieselbe bei der Atropinkur nicht etwa allein der Einwirkung des Atropins zugeschrieben werden darf, sondern zum Theil aus der Wirkung der Kurdiät mit erklärt werden muss, welche z. B. die forcirte Convergenz, eine wesentliche Ursache der intraocularen Druckerhöhung, möglichst eliminirt.

---

*) Alcock, Nathaniel, How Opium contracts the pupil. Med. Times. Vol. 10. p. 521.

**) Ziemssen, Die Elektricität in der Medicin, 4. Aufl. I., S. 16.

Die Herabsetzung des intraocularen Druckes lässt sich für die Kur trefflich verwerthen. Da die Entstehung resp. Zunahme der Myopie mit Verlängerung der Augenaxe am hinteren Augenpol einhergeht, dieses Ausweichen des Poles nach hinten dem gegen denselben andringenden intraocularen Drucke zugeschrieben werden muss, so wird eine Abnahme desselben mithin zur Folge haben, dass die Augenaxe sich nicht weiter verlängert, d. h. der Grad der Myopie resp. der derzeitige Refractionszustand als solcher zunächst bestehen bleibt, stationär wird.

3) Eine dritte Wirkung kommt dem Auge indirect zu Gute. Denn dadurch, dass sie die Ursache jener traumatischen Reizzustände des hintern Poles, den primären Accommodationskrampf beseitigt, erstreckt sie sich mittelbar auch auf diese selbst.

Für die Heilung der primären Reizzustände sind noch andere Factoren der Kur thätig, die sogleich unter Nr. 4 aufgezählt werden sollen. Es sei aber hier hervorgehoben, dass die durch das Atropin erfolgte Accommodationslähmung, auch wenn der Krampf secundär war, auf die Ursache desselben günstig zurückwirken muss.

Offenbar resultirt nun aus der gänzlichen oder möglichen Heilung derselben eine grössere Widerstandsfähigkeit des hinteren Augenpoles, so dass somit eine Gefahr mehr aus dem Felde geschlagen ist, welche zur Verlängerung der Augenaxe beitragen konnte.

4) Jene Factoren, auf die soeben hingedeutet wurde, setzen das sogenannte Regime der Atropinkur zusammen.

Ein der Kur unterworfenes Auge muss wochenlang in möglichst ruhigem Zustande verharren, Lesen und Schreiben durchaus unterlassen und jegliche grelle Lichteinwirkung meiden.

Der Zweck dieser Massnahmen ist durchsichtig: Dieselben sollen alle jene Uebelstände beseitigen, welche zur Progressivität der Kurzsichtigkeit und überhaupt zur Erwerbung derselben bei jugendlichen Individuen mit Veranlassung geben, wie starke Blut-

fälle der Augen durch Ueberanstrengung derselben, Ueberreizung der Retina, fehlerhafte Kopfhaltung, forcirte Convergenz u. s. w.

Besonders ist auf eine strenge Befolgung der Kurdiät bei jugendlichen, noch in der Entwickelung begriffenen Individuen zu achten, deren hyperämischer Augenzustand bei Einwirkung jener Schädlichkeiten ein zur acquirirten Myopie mächtig prädisponirendes Moment abgiebt.

Kurz zusammengefasst besteht die Wirkung der Atropinkur

1) in der Hebung des primären und secundären Accommodationskrampfes, des Prodromalstadiums der werdenden Myopie, der Complication der schon vorhandenen Myopie.

2) In der Beseitigung der Reizzustände des Augeninnern und hieraus folgender Vergrösserung der Widerstandsfähigkeit des hinteren Augenpoles gegen den intraocularen Druck.

3) Herabsetzung dieses intraocularen Druckes selbst.

Die unmittelbare Folge der ad 2 und 4 besprochenen Wirkungen ist zunächst die, dass die Augenaxe nicht länger wird, die Kurzsichtigkeit also stationär bleibt.

4) Beseitigung aller der Schädlichkeiten, welche sich an der Ausbildung resp. Progressivität der Kurzsichtigkeit betheiligen können.

Indication der Atropinkur.

Nach dem eben Gesagten wird es nicht sehwer sein, zu bestimmen, in welchen Fällen von Myopie die Atropinkur indicirt ist. Dieselbe ist überall am Platze, wo nach der Bestimmung des symptomatischen Myopiegrades mittelst Concavgläser die Berücksichtigung der bekannten differential-diagnostischen Mittel zwischen wahrer Myopie und Accommodationskrampf, im besondern die Prüfung nach erfolgter Atropinisation ergeben, dass es sich anatomisch um einen geringeren Grad der Kurzsichtigkeit handelt oder dass eine solche gar nicht vorhanden ist, also

a) bei Accommodationskrampf mit emmetropischen oder hypermetropischem Bau des Auges (rein scheinbare Myopie);

b) bei Accommodationskrampf, der eine anatomisch berechtigte

Myopie complicirt und einen höheren Grad von Kurzsichtigkeit vortäuscht;

2) bei progressiver Myopie;

3) bei Myopie mit ophthalmoskopisch wahrnehmbaren Reizerscheinungen, die befürchten lassen, dass die Kurzsichtigkeit den Charakter der Progressivität anzunehmen geneigt ist.

Methode der Kur.

Täglich wurde ein Tropfen Atropin (1 : 100) mehrere Wochen lang, im Durchschnitt drei, in den Conjunctivalsack eingeträufelt. Von dieser Dosirung wurde nur dann abgewichen, wenn nach einiger Zeit nach der ersten Instillation noch keine Gradverminderung der symptomatischen Kurzsichtigkeit eingetreten war.

Es wurde dann 3—4 mal täglich instillirt. Selbstverständlich wurde dem Patienten bei dem Gebrauch des Atropins die grösste Vorsicht eingeschärft.

Zweitens wurde während der ganzen Dauer der Kur eine blaue Muschelbrille getragen.

Drittens musste jegliche Anstrengung der Augen streng vermieden werden.

Für gewöhnlich hatte Patient sich in den ersten Tagen nach begonnener Kur behufs Notirung eines etwaigen Erfolges vorzustellen.

Von da an erfolgte jede weitere Untersuchung von acht zu acht Tagen.

Fortgesetzt sollte jede Kur so lange werden, als noch eine Gradverminderung der Myopie nachgewiesen werden konnte. Der Erfolg am Ende der Kur wurde erst bei wieder eng gewordener Pupille notirt.

Die mittlere Behandlungsdauer der Kur beträgt 28 Tage.

II.

Resultate der Atropinkur.

Die Zahl der Kurzsichtigen, an denen vom 1. Mai bis 1. November v. J. die Atropinkur vorgenommen wurde, beträgt 35. Da dieselbe keinen Anspruch auf statistische Giltigkeit erheben konnte, so überliess mir mein Herr Vorgänger, Dr. med. Driver, gegenwärtig Badearzt in Reiboldsgrün bei Auerbach i. V., noch alle die Fälle von Kurzsichtigkeit, welche er während seines hiesigen Aufenthaltes mit Atropin behandelte, zur entsprechenden Verwerthung.

Im Ganzen habe ich somit über 148 Patienten mit 290 Augen zu berichten.

I. Erfolg in den ersten Tagen der Kur. (Primäre Resultate.)

A. Die in den ersten Tagen der Atropinkur angestellten Untersuchungen führten zu folgenden allgemeinen Resultaten:

Von den 290 Augen zeigten:

$$
\begin{array}{lll}
224 \text{ Augen oder } 77,2\% & \text{einen Erfolg,} \\
30 \quad » \quad » \quad 10,4\% & \text{keinen Erfolg,} \\
\text{Bei } 36 \quad » \quad » \quad 12,4\% & \text{fehlten die Notizen über den ersten Kurerfolg.}
\end{array}
$$

—————————————————

290 Augen oder 100%

Die an den 224 Augen erzielten Resultate lauten des Näheren:

Uebersichtig
wurden   6 Augen od. 2,07%. 3 m. doppels.

Normalsichtig
wurden   12 »   » 4,14%, 5 »   »   2 m. linkss.

Kurzsichtig
geringeren
Grades   206 »   » 71,03%, 78 »   »   26 »   »   24 m. rechtss.

   224 Augen od. 77,24%, 86 m. doppels., 28m. linkss., 24 m. rechtss.

An 224 Augen oder 77,24% war somit Accommodationskrampf vorhanden.

Vergleichende Angabe über das Häufigkeitsverhältniss des Accommodationskrampfes:

Name der Autoren.	Gesammtzahl der mit Atropin behandelten Fälle.	Zahl der mit Accommodationskrampf behafteten Augen.	Procentarisches Verhältniss.
Dobrowolsky	105	69	65,72%
Hosch	57	46	80,7%
Schiess	101	86	85,2%
Schröder	290	224	77,2%

Der von mir berechnete Procentsatz des Accommodationskrampfes steht demjenigen von Schiess am nächsten; denn von den 36 Augen oder 12,4%, für welche die Notizen über den primären Kurerfolg fehlen, würden der Wahrscheinlichkeit nach mindestens 6—8% zu Gunsten des primären Erfolges zu verrechnen sein, wenn derselbe auch für diese hätte verzeichnet werden können. Ferner fragt es sich überhaupt, ob das procentarische Vorkommen des Accommodationskrampfes schon nach dem Erfolge in den ersten Tagen der Kur und nicht vielmehr erst nach dem Erfolge am Ende derselben beurtheilt werden muss. Denn verschiedene Patienten, die in den ersten Tagen der Kur keine Besserung zeigten und danach für die Berechnung frei von Accommodationskrampf sein würden, erfuhren noch im nächsten Verlaufe Gradverminderungen der Myopie. Da nun vorläufig im Grossen und Ganzen jede Gradverminderung auf Beseitigung des Accommodationskrampfes bezogen

15

werden muss, so wird eben das Häufigkeitsverhältniss desselben erst nach dem Erfolge am Ende der Atropinkur berechnet werden dürfen. Anstatt 77,2% kommen dann 94% heraus. (S. S. 18). Die differenten Angaben der anderen Autoren erklärt Schiess (l. c. 9) einfach daraus, dass Dobrowolsky das Atropin weniger lang hatte einwirken lassen. Bei Hosch kommt eine relativ grössere Anzahl schon hochgradiger Myopien in Betracht, während Schiess in neuerer Zeit nur beginnende Myopien dem Verfahren unterworfen und desshalb auch bessere Resultate erhalten hat.

B. Erfolg in den ersten Tagen der Kur bei den einzelnen Graden der Myopie.

Dem Grad der Myopie nach unterscheide ich

1) Myopie sehr geringen Grades bis — $\frac{1}{20}$ incl.
2) Myopie schwächeren Grades von — $\frac{1}{20}$ bis — $\frac{1}{12}$ incl.
3) Myopie mittleren Grades von — $\frac{1}{12}$ bis — $\frac{1}{6}$ incl.
4) Myopie höheren Grades, stärker als — $\frac{1}{6}$.

Auf diese 4 Gruppen vertheilen sich die primären Resultate in folgender Weise:

1) auf die erste Gruppe kommen von den 254 Augen, an denen der Erfolg in den ersten Tag notirt war, 61 Augen oder 21,03%; 54 Augen oder 18,62% zeigten einen Rückgang des Myopiegrades und zwar wurden folgende Refractionszustände gefunden:

H 6 mal oder 2,06%, 3 m. doppelseitig.

E 12 » » 4,14%, 5 » » 2 m. linkss.,

M 36 » » 12,42% 13 » » 7 » » 3 m. rechtss.
geringeren Grades

54 mal   21 m. doppelseitig, 9 m. linkss., 3 m. rechtss.

7 Augen oder 2,41% blieben unverändert, 2 mal doppelseitig, 2 mal rechtsseitig, 1 mal linksseitig.

2) Auf die zweite Gruppe kommen 59 Augen oder 20,34% und zwar zeigte sich an 55 Augen oder 18,96% ein primärer Erfolg. Dieselben vertheilen sich auf die einzelnen Brechzustände des Auges wie folgt:

auf H o)
» E o ⟩ Auge.

» M geringeren Grades wie vor der Kur, 55 Augen oder 18,96%
und zwar 19 mal doppelseitig,
      7   »   rechtsseitig,
     10   »   linksseitig.

An 4 Augen oder 1,36% konnte kein Erfolg nachgewiesen werden.

3) Auf die dritte Gruppe kommen 92 Augen oder 31,72%.

Von diesen 92 Augen konnte bei 81 Augen oder 27,93% eine primäre Gradverminderung der symptomatischen Myopie nachgewiesen werden
und zwar 32 mal doppelseitig,
     11   »   rechtsseitig,
      6   »   linksseitig.

Wie bei der vorhergehenden Gruppe, so kommen bei dieser und der letzten H und E nicht mehr vor.

An 11 Augen oder 3,79% blieb der frühere Grad der Mypoie bestehen.

4) Zur 4. und letzten Gruppe gehören 42 Augen oder 14,48%.

34 Augen oder 11,72% zeigten einen geringeren Grad der Myopie als vor der Kur,
und zwar 14 mal doppelseitig,
      4   »   rechtsseitig,
      2   »   linksseitig.

An 8 Augen oder 2,76% blieb die Besserung aus :
      2 mal doppelseitig,
      1   »   rechtsseitig,
      3   »   linksseitig.

II. Verlauf der Kur vom ersten Befunde an bis zum Ende der Kur.

A. An den Augen, welche eine primäre Gradverminderung zeigten.

Der Verlauf war ein äusserst verschiedener. Es gab

1) Fälle, wo ausser der primären Gradverminderung eine weitere Besserung bis zum Ende der Kur nicht nachgewiesen werden konnte. Hierauf kommen 78 Augen oder $26,89\%$:

doppelseitig 29 mal,
rechtsseitig 7 »
linksseitig 13 » .

2) Die Mehrzahl der Fälle zeigte ausser der primären Wirkung im Verlauf der Kur noch weitere secundäre Gradverminderungen der Myopie, nämlich 133 Augen oder $45,86\%$.

doppelseitig 55 mal,
rechtsseitig 13 »
linksseitig 10 » .

3) Der primäre Erfolg erfuhr eine Abnahme, so zwar, dass der Grad der Myopie am Ende der Kur immer noch geringer als vor der Kur gefunden wurde:

an 11 Augen oder $3,79\%$.
doppelseitig 4 mal,
rechtsseitig 2 »
linksseitig 1 » .

4) Es zeigte sich eine derartige Zunahme des Myopiegrades, dass der Grad am Ende der Kur wieder derselbe war, wie vor der Kur bei:

2 Augen oder $0,69\%$

an einem Individuum.

5) Der Erfolg ging derart zurück, dass der Grad der Myopie am Ende der Kur höher war, wie vor derselben bei:

keinem Auge.

B. Bei denjenigen Augen, welche keinen primären Erfolg zeigten, wurde ein dreifacher Verlauf beobachtet.

1) Gar kein Erfolg trat ein an

13 Augen oder 4,48%:

doppelseitig 4 mal,

rechtsseitig 1 »

linksseitig 4 » .

2) Es trat eine Verschlimmerung ein an

2 Augen oder 0,69%: .

doppelseitig 1.

3) Eine Gradverminderung der Myopie trat ein an

15 Augen oder 5,17%:

doppelseitig 2 mal,

rechtsseitig 7 »

linksseitig 4 » .

III. Erfolg am Ende der Kur.

A. Im Allgemeinen.

Von den 290 mit Atropin behandelten Augen wurden geringer kurzsichtig, resp. geheilt

263 Augen oder 94%,

und zwar wurden übersichtig

10 Augen oder 3,45%:

doppelseitig 4 mal,

rechtsseitig 1 »

linksseitig 1 » .

normalsichtig 44 Augen oder 15,17%:

doppelseitig 17 mal,

rechtsseitig 6 »

linksseitig 4 » .

kurzsichtig geringeren Grades 219 Augen oder 75,52 %:

doppelseitig 91 mal,

rechtsseitig 24 »

linksseitig 25 » .

An 15 Augen oder 5,17% wurde derselbe Grad wie vor der Kur beobachtet, an 2 Augen oder 0,69% trat eine Verschlimmerung ein, die Myopie blieb hier trotz der Kur progressiv.

Die mittlere Behandlungsdauer beträgt 28 Tage, das mittlere Lebensalter 18 Jahre.

B. Bei den einzelnen Myopiegruppen.

1) Myopie geringsten Grades bis auf — $1/20$.

Auf diese Gruppe kommen von den 290 Augen 80 Augen oder 27,58 %. Dieselben zeigten sämmtlich am Ende der Kur eine Besserung (100%).

Emmetropisch wurden 44 Augen oder 15,17%:

doppelseitig 17 mal,

rechtsseitig 6 »

linksseitig 4 » .

Hypermetropisch wurden 9 Augen oder 3,10%:

doppelseitig 4 mal,

linksseitig 1 » .

Kurzsichtig geringeren Grades wurden 27 Augen oder 9,31%:

doppelseitig 10 mal,

rechtsseitig 1 »

linksseitig 6 » .

Die mittlere Behandlungsdauer beträgt 23 Tage, das mittlere Lebensalter 18 Jahre.

2) Kurerfolg bei Myopie von — $1/20$ bis — $1/12$ incl.

Die 62 Augen dieser Gruppe (21,38%) zeigten am Ende der Kur alle eine Besserung (100%). Es wurden: hypermetropisch 1 Auge oder 0,34%, kurzsichtig geringen Grades 61 Augen oder 21,04 %:

doppelseitig 24 mal,

rechtsseitig 3 »

linksseitig 10 » .

Die mittlere Behandlungsdauer beträgt 31 Tage, das mittlere Lebensalter 16 Jahre.

3) Kurerfolg bei Myopie von — $1/12$ bis — $1/6$ incl.

Von den 102 hierher gehörigen Augen (35,17%) zeigten am Ende der Kur 96 Augen (33,10 %) eine Gradverminderung der Kurzsichtigkeit:

> doppelseitig 45,
>
> rechtsseitig 9,
>
> linksseitig · 3.

6 Augen (2,07%) zeigten am Ende der Kur keine Besserung. Die mittlere Behandlungsdauer beträgt 29 Tage, das mittlere Lebensalter 18 Jahre.

4) Kurerfolg bei Myopie höheren Grades als — $1/_6$.

Auf diese Gruppe kommen 46 Augen oder 15,86%.

35 Augen zeigten am Ende der Kur eine Gradverminderung der Kurzsichtigkeit (12,07%).

> doppelseitig 15 mal,
>
> rechtsseitig 4 »
>
> linksseitig 1 »

Ein Erfolg blieb aus an 9 Augen oder 3,10%, an 2 Augen trat eine Verschlimmerung ein (0,69%).

Die mittlere Behandlungsdauer beträgt 31 Tage, das mittlere Lebensalter 21 Jahre.

Zusammenhang des Accommodationskrampfes mit wahrer Myopie.

Für den Causalnexus zwischen Accommodationskrampf und wahrer Myopie sprechen folgende Beweise, die auf der unten stehenden Tabelle übersichtlich zusammengestellt sind:

1) der auffallend hohe Procentsatz des Accommodationskrampfes für die mit Atropin behandelten Fälle überhaupt;

2) die Abnahme dieses Procentsatzes mit den höheren Graden der Myopie, die namentlich in die Augen springt, wenn der Procentsatz für die 1. und 2. Gruppe der Myopie addirt wird. Sehr gering .ist daher der Procentsatz bei der letzten Gruppe;

3) die Abnahme des Procentsatzes zwischen den durch die Kur vollständig geheilten und den nur gebesserten Augen mit den höhern Graden.

Bei der ersten Gruppe beträgt der Procentsatz der geheilten, d. h. emmetropischen und hypermetropischen Augen beinahe das Doppelte von dem der blossen Gradverminderung; bei der 2. Gruppe ist derselbe gegen den Procentsatz der nur gebesserten Augen verschwindend klein. Bei der 3. und 4. Gruppe kommt vollständige Heilung gar nicht mehr vor.

Tabelle
über das procentarische Verhältniss des Accommodationskrampfes
am Ende der Kur.

Grad der Myopie.	Procentsatz des Krampfes zur Gesammtzahl der mit Atropin behand. Augen.	Procentsatz des Krampfes zu der Anzahl der Augen bei den einzelnen Gruppen.	Procentsatz der vollständig geheilten Augen.	Prozentsatz der nur gebesserten Augen.
1. Gruppe	27,58 } =48,96	100	18,27	9,31
2. »	21,38	100	0,34	21,04
3. »	33,10	94,1	—	33,10
4. »	12,07	76,1	—	12,07

Die Logik dieser Thatsachen ist klar: Der Accommodationskrampf befällt ein emmetropisches oder hypermetropisches Auge, um anfangs eine Myopie schwachen Grades bis ohngefähr — $\frac{1}{30}$ vorzutäuschen. Wird die Atropinkur in dieser frühen Zeit des Prodomalstadiums der Myopie vorgenommen, dann ist noch Heilung möglich. Sobald aber die symptomatische Myopie einen gewissen Grad erreicht hat und bereits eine Zeit lang bestand, so hat sich der Krampf schon zum Theil in wahre Myopie umgesetzt, und für die Kur bleibt — abgesehen von meiner im zweiten Theil dieser Arbeit aufgestellten Hypothese — nichts als eine Gradverminderung übrig.

III. Ueber den quantitativen Werth des Kurerfolgs.

Der Bericht über Atropinkuren schien mir noch nicht erschöpft, wenn derselbe sich nur auf die Mittheilung beschränkt, in welchen Fällen überhaupt ein Erfolg eingetreten; ich stellte mir daher die Aufgabe, auch den quantitativen Werth des am Ende der Kur erzielten Erfolges näher zu studiren. Denselben schreibe ich vorläufig direct auf Rechnung der Accommodationslähmung, ohne Rücksicht auf eine etwaige andere Wirkungsweise der Atropinkur.

Zunächst war es von Interesse, den Durchschnittswerth für alle Fälle kennen zu lernen, mit dem der Accommodationskrampf überhaupt Myopie vorzutäuschen resp. scheinbar zu erhöhen im Stande sei. Dieser Durchschnittswerth musste, um statistische Ungenauigkeiten zu umgehen, mit und ohne Berücksichtigung des zu der laufenden Nr. 148 gehörigen Falles berechnet werden, nicht allein weil letzterer wegen des Grades der Myopie auf dem rechten Auge

$$= -\frac{1}{11/3},$$ sondern auch wegen des Grades des Accommodations-

krampfes $= +\frac{1}{2^2/_5}$ wenig Vertrauen erweckt.

Der Durchschnittswerth beträgt $+\frac{1}{30^1/_3}$ mit $\Big\}$ Nr. 148,
$+\frac{1}{31^1/_4}$ ohne $\Big)$

der niedrigste Werth beträgt $+\frac{1}{113^1/_3}$,

der höchste   »   » $+\frac{1}{2^2/_5}$ (Nr. 148) resp. $\frac{1}{3^9/_{17}}$ (Nr. 143),

also bedeutend mehr, als der von Schiess berechnete ($^1/_8$).

Sodann war die Möglichkeit vorhanden, dass die Durchschnittswerthe je nach dem Grade der Myopie differirten, so zwar, dass dieselben mit den höheren Graden abnahmen. Daraus würde für die Prognose der praktische Schluss zu ziehen sein, dass hochgradige Fälle von Myopie einen weniger ausgiebigen Erfolg versprächen als geringere Grade. (Vergleiche Schiess l. c. S. 10.) Hierbei darf man die scheinbar geringen Besserungen bei den höhern Myopiegraden nicht unterschätzen, die der Berechnung nach einen grössern Werth repräsentiren können, als die Erfolge bei Myopie geringeren Grades, auch wenn dieselben ein Abrücken des Fernpunktes vom Auge des Patienten bis auf Unendlich und jenseits Unendlich zu Wege bringen.

Die Berechnung ergab nun einen Durchschnittswerth des Kurerfolges von $+\frac{1}{35}$ für die 1. Gruppe,

» $+\frac{1}{35}$ » » 2. »

» $+\frac{1}{29}$ » » 3. »

» $+\frac{1}{23}$ mit $\left.\right\}$ Nr. 148 für die 4. Gruppe.
» $+\frac{1}{28}$ ohne

Hieraus stellt sich das auffallende Resultat heraus, dass der Werth des Kurerfolges mit den höheren Graden nicht ab-, sondern zunimmt. Dasselbe erklärt sich für die 4. Gruppe aber daraus, dass einige wenige Fälle (Nr. 143, Nr. 146, Nr. 148) sich mit einem grösseren Quantum von Accommodationskrampf an dem Grade der Myopie betheiligen.

Zu gleich prognostischem Zwecke habe ich den Durchschnittswerth des Kurerfolges für das rechte und für das linke Auge berechnet. Bekanntlich soll der Durchschnittsgrad der Myopie auf dem linken Auge höher sein als auf dem rechten. Um zunächst hierüber selbstständig urtheilen zu können, habe ich auf Grund der Colonne der beigefügten Tabelle »Grad der Myopie vor der Kur« den Durchschnittsgrad für das rechte und für das linke Auge berechnet. Derselbe beträgt

rechts $-\frac{1}{8}$ mit $\left.\right\}$ Nr. 148,
$-\frac{1}{9}$ ohne

links $-\frac{1}{9}$ mit $\left.\right\}$ Nr. 148,
$-\frac{1}{9}$ ohne

also gerade umgekehrt auf dem linken Auge weniger als auf dem rechten. Es wurde nun auch der Durchschnittsgrad der Myopie auf dem rechten und auf dem linken Auge für alle die Fälle berechnet, welche vom 1. Mai bis Ende December v. J. in einer Anzahl von 345 zur Beobachtung kamen. Das Resultat dieser Berechnung ergab auf beiden Augen auffallend übereinstimmende Grade der Myopie, nämlich $-\frac{1}{8\frac{1}{5}}$.

Der Durchschnittswerth des Kurerfolges beträgt

für das rechte Auge $+\frac{1}{28}$ mit $\left.\right\}$ Nr. 148,
$+\frac{1}{29\frac{1}{2}}$ ohne

für das linke Auge $+\ ^1/_{32}$ } mit } Nr. 148.
$+\ ^1/_{32}$ } ohne }

Derselbe ist also in der That auf dem rechten Auge grösser, als auf dem linken. Prognostisch ist man hiernach berechtigt, für das rechte Auge einen ergiebigeren Rückgang der Myopie in Folge der Kur zu erwarten, als für das linke. Dieser Satz behält auch für die einzelnen Myopie-Gruppen, und in auffallendem Grade bei der 4. Gruppe, im Allgemeinen Giltigkeit; nur bei der 3. Gruppe ist der Durchschnittswerth auf dem linken Auge grösser, als auf dem rechten.

Die Durchschnittswerthe des Kurerfolges bei den einzelnen Myopie-Gruppen stellen sich für das rechte und linke Auge folgendermassen heraus:

1. Gruppe } rechts $+\ \frac{1}{34^2/_9}$,
links $+\ \frac{1}{35^5/_7}$,

2. Gruppe } rechts $+\ \frac{1}{32^1/_4}$,
links $+\ \frac{1}{38^1/_2}$,

3. Gruppe } rechts $+\ \frac{1}{30^1/_3}$,
links $+\ \frac{1}{27^7/_9}$,

4. Gruppe } rechts $+\ \frac{1}{17^1/_2}$ } mit } Nr. 148.
$+\ \frac{1}{24^7/_3}$ } ohne }
links $+\ \frac{1}{33^1/_3}$ } mit } Nr. 148.
$+\ \frac{1}{32^1/_4}$ } ohne }

Schliesslich stellte ich mir noch die Frage:

Bietet die Höhe des Werthes des in den ersten Tagen der Kur erzielten primären Erfolges Anhaltepunkte für die Beurtheilung des weiteren Verlaufes der Kur? Welche weiteren Kurresultate lassen sich erwarten, wenn der primäre Erfolg gleich Null, oder gross oder gering ist und der Beurtheilung der mittlere Werth des Kurerfolges überhaupt $= +$ $^1/_{30}$ zu Grunde gelegt wird?

Von vorn herein sagte ich mir, dass man hier auf eine mit mathematischer Sicherheit zu stellende Prognose verzichten müsse; immerhin lieferte das Studium der mir gestellten Frage einige Anhaltepunkte.

War in den ersten Tagen der Kur gar kein Erfolg beobachtet, so trat später ein grosser Erfolg, d. h. mehr wie $+$ $^1/_{30}$, sehr selten ein; häufiger wurde ein geringer oder leidlicher Rückgang der Myopie (kleiner als $+$ $^1/_{30}$), ebenso häufig aber ein Stehenbleiben des Myopie-Grades nachgewiesen.

Die Fälle, bei denen in den ersten Tagen ein leidlicher oder geringer Erfolg notirt wurde, sind die bei Weitem zahlreichsten.

Am häufigsten wurde hier im späteren Verlaufe wiederum eine geringe oder leidliche Gradverminderung beobachtet. Weniger häufig blieb der Erfolg derselbe; noch seltener trat ein weiterer grosser Erfolg ein.

Zeigte sich ein solcher gleich in den ersten Tagen der Kur, so schien in den häufigsten Fällen die Wirkung der letzteren erschöpft; weniger häufig konnte noch ein geringer Erfolg nachgewiesen werden, und noch seltener ein weiterer bedeutender Rückgang der Myopie.

IV. Die wichtigste Frage ist die nach der Andauer des Kurerfolges.

Um dieselbe zu lösen, wurden alle Patienten ohne Ausnahme aufgefordert, nach Verlauf von 2 bis 3 Monaten oder noch später Behufs Untersuchung des Brechzustandes ihrer Augen sich wieder vorzustellen. Leider sind die Meisten ausgeblieben; von denselben darf ich aber zum grossen Theil annehmen, dass sie bei einer Verschlimmerung ihres Zustandes meinen Rath wieder eingeholt hätten; um so mehr als die hiesige Gegend, Dank den Bemühungen meines verehrten Vorgängers, schon seit Jahren gewöhnt ist, möglichst früh augenärztlichen Rath einzuholen. Zudem glaube ich auf die Gewissenhaftigkeit der Eltern bauen zu dürfen, die mir ihre Kinder zuführten, und eine Verschlimmerung an den Augen derselben sicher nicht vernachlässigt hätten. Schliesslich glaube ich nicht unerwähnt lassen zu dürfen, dass der aus der Kur entlassene Patient angemessene Verhaltungsmassregeln mit auf den Weg bekam, deren Befolgung auf möglichste Erhaltung des errungenen Kurerfolges hinzielt. Dieselben erstrecken sich

1) auf eine geeignete Wahl der Beleuchtung:

Das Arbeiten soll nur bei guter Beleuchtung und womöglich bei guter Tagesbeleuchtung vorgenommen werden und der Sitz ist so zu wählen, dass das Licht von der linken Seite des Arbeitenden auf das Arbeitsobject einfällt.

2) auf die Zahl der Arbeitsstunden: das allzulange andauernde Arbeiten soll gemieden werden;

3) auf eine rationelle Beschäftigungsweise:

a. nur Bücher mit deutlichem Druck und schön weissem Papier sind zu benutzen,

b. das Sehobject darf dem Auge nicht übermässig genähert werden und

c. die zu stark vornübergebeugte Kopfhaltung ist zu vermeiden.

Dass diese Massregeln möglichst streng befolgt werden, darf schlechterdings gehofft werden. Ein Patient, welcher die Kur gemacht hat, ist gewissermassen gewitzigt und während der ganzen Dauer derselben auf die Schädlichkeiten aufmerksam gemacht worden, die zur Kurzsichtigkeit resp. zum Fortschreiten derselben Veranlassung geben können.

Ferner steht ihm die Kur mit allen ihren Unannehmlichkeiten noch zu frisch im Gedächtniss, als dass er jene Massregeln leichtsinnig vernachlässigen und sich somit der Gefahr wieder aussetzen sollte, die Kur noch einmal durchmachen zu müssen.

Schliesslich darf nicht unerwähnt bleiben, dass die der Schulhygiene in neuerer Zeit zugeführte Aufmerksamkeit vielfache sachgemässe Verbesserungen zu Wege brachte, und dass die Lehrer mehr wie früher auf eine rationelle Beschäftigungsart der Schüler achten. Aus diesem Grunde zweifle ich nicht, dass einmal die Erfolge der Atropinkur länger bestehen bleiben, und andererseits die Zeit nicht fern liegen dürfte, wo die Untersuchung der Schüler auf den Brechzustand der Augen zu günstigeren Resultaten führen wird wie bisher.

Von den 148 mit Atropin behandelten Patienten unterwarfen sich 40 Patienten mit 80 Augen besagter Nachprüfung. Das Resultat war folgendes:

1) Ein andauernder Erfolg zeigte an 36 Augen oder 45 % und zwar:

Doppelseitig 15,
Rechtsseitig 4,
Linksseitig 2.

2) Der Erfolg war noch gestiegen an 5 Augen oder 6,25 % und zwar:

Doppelseitig 2 Mal,
Rechtsseitig 1 Mal.

3) Der Erfolg ging zurück, so zwar, dass noch eine Besserung im Vergleich zu dem Grade der Kurzsichtigkeit vor der Kur bestand an 37 Augen oder 46,25 %

Doppelseitig 16 Mal,
Rechtsseitig 1 »
Linksseitig 4 ».

4) Der Erfolg ging derart zurück, dass ein höherer Grad wie vor der Kur bestand an 2 Augen oder 2,50 %, und zwar 1 Mal doppelseitig.

Es ergab sich also an 78 Augen oder 97,5 % im Verhältniss zu dem früheren Grade der Kurzsichtigkeit eine andauernde Besserung. Ich zweifle nicht, dass sich ein niedriger Procentsatz für die Andauer des Kurerfolges ergeben hätte, wenn alle mit Atropin behandelten kurzsichtigen Patienten sich nach Beendigung der Kur wieder vorgestellt hätten und wenn diese Vorstellung zu einer noch späteren Zeit, z. B. nach einem Jahre, stattgefunden hätte.

Selbst aber dies in Abrechnung gebracht, wird immerhin noch ein befriedigender Procentsatz erübrigen der Zeit gegenüber, wo es noch keine Therapie der Kurzsichtigkeit gab.

Auf Seite 7 habe ich versprochen, die von den Gegnern der Atropinkur ausgesprochenen Zweifel an der Andauer des Kurerfolges zu widerlegen: Es geschah dies am besten an der Hand der soeben berichteten Thatsachen, die auch die renitentesten Skeptiker befriedigen werden. Ich kann aber nicht umhin, denselben die Frage vorzulegen: sind sie sich auch klar, nach welchem Massstabe sie die Erfolge der Myopie-Therapie beurtheilt wissen wollen? Behandeln sie denn ein chronisches Conjunctival- oder Thränensackleiden, ein langwieriges Magen- oder Blasenübel in der sichern Aussicht, dasselbe ein für alle Mal zu heilen? Wenn in manchen Fällen, mehr oder weniger lange nach Beendigung der Kur, der Accommodationskrampf recidivirt — häufig genug dann in einem geringeren Grade als vor der Kur — so darf man desshalb den Stab über die Zulässigkeit der Atropinkur nicht brechen. Dieselbe wird einfach noch ein Mal durchgemacht mit demselben Rechte, mit dem gegen Recidive anderer Krankheiten die frühere Kur wieder verordnet wird. Wird am Ende der Kur derselbe Grad von Myopie wie vor derselben gefunden, so liegt nach H o s c h mit Recht immer noch ein positives Resultat vor, da ja bekanntlich jede Myopie in den Jahren, in welchen sie Kurobject wird, eine progressive ist. Wenn nun die Kur im Stande ist, in solchen Fällen die Kurzsichtigkeit wenigstens in ihrem Fortschreiten aufzuhalten, so hat sie das ihrige gethan. Ein Specificum gegen die Progressivität der Myopie ist dieselbe freilich nicht. Fehlt die anatomische Möglichkeit, ist die Widerstandsfähigkeit des hinteren Augenpoles gegen den intraocularen Druck gleich Null, dann bleibt die Myopie progressiv.

V. Eine zweite nicht zu unterschätzende Wirkung der Atropinkur ist die Besserung der Sehschärfe bei schwachsichtigen Kurzsichtigen.

Von den 290 kurzsichtigen Augen waren 92 Augen oder 31,7 % mit Schwachsichtigkeit behaftet. Am Ende der Kur zeigten 56

Augen oder 60,7 % Besserung der Sehschärfe; viele Augen erhielten
sogar normale Sehschärfe. Selbst bei Kurzsichtigkeit höheren Grades war diese Wirkung nachzuweisen, bisweilen sogar an Augen,
auf deren Kurzsichtigkeits-Grad die Kur keinen Einfluss hatte.
Die Besserung der Sehschärfe in Folge der Atropinkur erklärt sich
leicht aus dem günstigen Einfluss derselben auf die entzündlichen
Vorgänge am hinteren Augenpol.

Am Ende des ersten Theiles meiner Arbeit sei es mir gestattet,
den Inhalt derselben kurz zusammenzustellen:

Die Wirkung der Atropinkur ist von unbestreitbarem Nutzen.
Dieselbe erstreckt sich auf den Accommodationsmuskel, auf die
Höhe des intraocularen Druckes und die entzündlichen Vorgänge
am hinteren Augenpol, und hat daher zunächst eine Gradverminderung resp. Heilung der (scheinbaren) Myopie, und dann ein
Stationärbleiben des jeweiligen Refractionszustandes zur Folge. Dies
letzte Resultat erlangt in so fern prophylaktische Bedeutung, als
dadurch das Eintreten einer wirklichen Axenverlängerung möglichst
vermieden wird.

Der Verlauf der Kur beweist klar, wie sich die wahre Myopie
aus dem Accommodationskrampf mit seinen Consequenzen, der pri-
mär und secundär sein kann, entwickeln kann.

Je früher die Atropinkur vorgenommen wird, desto günstiger
ist die Aussicht auf Heilung der scheinbaren Myopie. In einer
späteren Zeit, wo die letztere in wirkliche Axenverlängerung über-
gegangen ist, kann voraussichtlich nur noch Gradverminderung der
Myopie erzielt werden.

Der Procentsatz des Kurerfolges nimmt mit den höheren Graden ab.

Der Werth des Total-Erfolges der Kur ist auf dem linken Auge
geringer als auf dem rechten.

Die Beurtheilung des Werthes des primären Erfolges liefert einige
Anhaltpunkte für die Prognose des übrigen Kurverlaufs.

Die Atropinkur vermag auf die Sehschärfe günstig zu wirken.

III.

Ueber die Möglichkeit einer Verkürzung der Augenaxe in Folge der Atropinkur.

Das Dogma von der Unveränderlichkeit der Axe des kurzsichtigen Auges wird in allen Lehrbüchern so zweifellos hingestellt, dass es als ein Wagstück erscheinen wird, an demselben zu rütteln. Bleibt dasselbe unbestritten, so wird die Atropinkur ihrem therapeutischen Werthe nach nur der Indicatio causalis respective symptomatica genügen, da sie dann lediglich die Ursache der acquirirten Myopie, den Accommodationskrampf und die begleitenden Reizerscheinungen zu beseitigen im Stande wäre.

Meine Erfahrungen nöthigen mich aber für die Erklärung gewisser, durch die Kur erzielten Gradverminderungen der Kurzsichtigkeit geradezu an die Möglichkeit einer Verkürzung der Augenaxe zu denken und die Behauptung aufzustellen, dass die Atropinkur sogar der Indicatio morbi genügt.

Es wird die Aufgabe der folgenden Zeilen sein, die Richtigkeit dieser Behauptung zu beweisen.

Zu dem Zwecke sei es gestattet, einige einschlägige Fälle von Myopie, gegen welche die Atropinkur angewendet wurde, mitzutheilen.

Krankengeschichten.

Journal-Nr. 57.

Amalie II., 13 Jahre, aus Chemnitz, begann am 2. April 1873 die Atropinkur. Ophthalmoskopisch: keine Staphylome, Hyperämie des Augenhintergrundes. Der vor der Kur auf beiden

Augen gefundene Grad von — $\frac{1}{17}$ ging bereits am 4. April auf
— $\frac{1}{30}$ zurück; derselbe Grad ergab sich bei den am 8. und 12. April
unternommenen Untersuchungen. Am 12. April, 11 Tage nach
Anfang der Kur, kann also der die Myopie complicirende Krampf
des Musc. ciliaris als gehoben betrachtet werden.

Die Kurzsichtigkeit ging aber noch und zwar auf beiden Augen
am 17. April auf — $\frac{1}{40}$, am 4. Mai auf — $\frac{1}{50}$ zurück.

Die Axenverkürzung bei einem Rückgange der Kurzsichtigkeit
von — $\frac{1}{30}$ auf — $\frac{1}{40}$ würde 0,10045 Mm., von — $\frac{1}{40}$ auf — $\frac{1}{50}$
0,05964 Mm. betragen.

Journal-Nr. 190.

Johannes R., 12 Jahre, aus Chemnitz, begann am 15.
März 1873 auf dem linken kurzsichtigen Auge (M $= - \frac{1}{17}$) eine
Atropinkur. Die schon am 17. März nachgewiesene Gradvermin-
derung ($= \frac{1}{20}$) blieb nach den Untersuchungen am 31. März, 3.
April und 7. April constant.

Mit Recht glaube ich daher am 7. April, also 3 Wochen nach
Beginn der Kur, die Beseitigung des Accommodationskrampfes als
vollständig ansehen zu müssen. Trotzdem wurde noch am 12. April
ein Rückgang von — $\frac{1}{20}$ auf — $\frac{1}{30}$ beobachtet.

Hierfür würde die Axenverkürzung 0,20492 Mm. betragen.

Journal-Nr. 219.

Therese H., 19 Jahr, aus Hainichen, Arbeiterin, stellte sich
zum ersten Male am 22. Mai 1873 wegen Kurzsichtigkeit vor. Die-
selbe betrug rechts — $\frac{1}{11}$, links — $\frac{1}{20}$. S. $= \frac{20}{XXX}$.

Beginn der Atropinkur an demselben Tage.

Grad der Myopie bei der nächsten Untersuchung am 26. Mai:

$$\text{rechts} - \frac{1}{12},$$
$$\text{links} - \frac{1}{22}.$$

Derselbe Befund zeigte sich am 31 Mai.

An diesem Tage, also am 10. Tage nach begonnener Atropinkur,
nehme ich an, dass der die Myopie complicirende Accommodationskrampf gänzlich beseitigt ist.

Trotzdem zeigten sich noch weitere secundäre Gradverminderungen. Am 8. Juni betrug M rechts $- \frac{1}{13^{1}/_{2}}$, links keine Besserung. Am 22. Juni war M. rechts auf $- \frac{1}{14}$, links auf $\frac{1}{24}$ zurückgegangen.

Worauf sollen nun die beiden letzten Erfolge, die nach Beseitigung des Accommodationskrampfes auftraten, bezogen werden, wenn nicht auf die Verkürzung der Augenaxe? Dieselbe würde betragen bei einem Rückgange der Myopie

$$\text{von} - \frac{1}{12} \text{ auf } - \frac{1}{13^{1}/_{2}} : 0,12083 \text{ Mm.,}$$

$$\text{von} - \frac{1}{13^{1}/_{2}} \text{ auf } - \frac{1}{14} : 0,03419 \text{ Mm.,}$$

$$\text{von} - \frac{1}{22} \text{ auf } - \frac{1}{24} : 0,04671 \text{ Mm.}$$

Journal-Nr. 345.

Theodor B., Seminarist in Grimma, 17 Jahre, unterwarf am 4. Juni 1873 seine beiden mit Kurzsichtigkeit $- \frac{1}{10}$ behafteten Augen einer Atropinkur, die zu folgenden Resultaten führte:

am 14. Juni M $= - \frac{1}{20}$,

» 20. Juni » $=$ rechts $- \frac{1}{36}$, links $- \frac{1}{24}$,

» 27. Juni » $= - \frac{1}{40}$ beiderseits,

» 2. Juli » $= -$ rechts $- \frac{1}{50}$, links $- \frac{1}{40}$.

Am 27. Juni, also 24 Tage nach begonnener Kur, war sicher der Accommodationskrampf beseitigt, um so mehr, als am 2. Juli der Grad der Myopie auf dem linken Auge derselbe geblieben war, wie er am 27. Juni gefunden wurde.

Trotzdem konnte am 2. Juli auf dem rechten Auge eine weitere Gradverminderung von $- \frac{1}{40}$ bis $- \frac{1}{50}$ nachgewiesen werden. Die derselben entsprechende Verkürzung der Augenaxe würde $0,05964$ mm. betragen.

Journal-Nr. 593.

Bernhard O., 18 Jahr, Kaufmann aus Chemnitz, stellte sich am 6. Juli 1873 wegen Kurzsichtigkeit beider Augen vor $\left(M = - \frac{1}{16 \text{ r.}, 30 \text{ l.}} \right)$ und begann an demselben Tage die Atropinkur.

Die Untersuchung am 16. Juli ergab einen Rückgang der Myopie auf r. — $\frac{1}{20}$, l. — $\frac{1}{36}$, am 19. Juli auf r. — $\frac{1}{24}$, l. — $\frac{1}{36}$.

An diesem Tage, dem 14. nach begonnener Kur, war der Accommodationskrampf gehoben, zumal linksseitig 2 Mal derselbe Grad gefunden wurde.

Gleichwohl zeigte sich am 2. Juli $\quad$ M = r. — $\frac{1}{30}$, l. — $\frac{1}{36}$,

$\qquad\qquad\qquad$ am 1. August M = r. — $\frac{1}{36}$, l. — $\frac{1}{50}$,

$\qquad\qquad\qquad$ am 5. August M = r. — $\frac{1}{36}$, l. — $\frac{1}{\infty}$.

Dem Rückgange der Myopie

von — $\frac{1}{24}$ auf — $\frac{1}{30}$ entspricht eine Axenverkürzung v. 0,10178 Mm.,

» — $\frac{1}{30}$ » — $\frac{1}{36}$ » » » » 0,06711 »

» — $\frac{1}{36}$ » — $\frac{1}{50}$ » » » » 0,09298 »

» — $\frac{1}{50}$ » — $\frac{1}{\infty}$ » » » » 0,23400 ».

Journal-Nr. 739.

Hermann M., 15 Jahr, Schüler aus Chemnitz, hatte bei der ersten Vorstellung am 28. Juli 1873 M $= -\frac{1}{20\,r., 111.}$

An demselben Tage wurde die Atropinkur begonnen.

Am 30. Juli $\qquad$ M = r. — $\frac{1}{24}$, l. — $\frac{1}{18}$,

» 11. August M = r. — $\frac{1}{30}$, l. — $\frac{1}{20}$,

» 9. $\quad$ » $\quad$ derselbe Befund, also vollständige Beseitigung des Spasmus am 11. Tage nach begonnener Kur.

Weitere secundäre Gradverminderungen traten ein

am 13. August, wo M r. — $\frac{1}{36}$, l. — $\frac{1}{24}$,

» 24. $\quad$ » $\quad$ » M r. — $\frac{1}{36}$, l. — $\frac{1}{30}$ betrug.

Die Axenverkürzung bei einem Rückgange der Myopie

von — $\frac{1}{30}$ auf — $\frac{1}{36}$ würde 0,06711 Mm. betragen,

» — $\frac{1}{20}$ » — $\frac{1}{24}$ » 0,10313 » »

» — $\frac{1}{24}$ » — $\frac{1}{30}$ » 0,10178 » »

Journal-Nr. 1129.

Margarethe Q., 12 Jahr, aus Reichenhain, zeigte bei der ersten Vorstellung am 2. October 1873 M $= - \frac{1}{11}$ auf beiden

Augen. Die an demselben Tage eingeleitete Atropinkur führte zu folgenden Retultaten:

4. October: $M = -\frac{1}{12}$ beiderseits,

10.   » $M = -\frac{1}{11}$ »

17.   » $M = r. -\frac{1}{14}$, l. $\frac{1}{16}$.

Nimmt man an, dass am 10. October, also am 9. Tage der Kur, der Krampf des Accommodationsmuskels vollständig beseitigt war, weil derselbe Grad ($-\frac{1}{14}$) nach 7 Tagen wenigstens auf dem rechten Auge noch bestand, so dürfte die auf dem linken Auge am 17. October nachgewiesene weitere Gradverminderung von $-\frac{1}{14}$auf$-\frac{1}{16}$ auf Verkürzung der Augenaxe bezogen werden müssen, die für diesen Erfolg 0,11431 Mm. ausmacht.

Der wichtigste, für die Möglichkeit einer Axenverkürzung sprechende Fall, der übrigens erst nach Schluss der beigefügten Tabelle zur Behandlung kam, ist folgender:

Journal-Nr. 1572.

Rudolph Meding, 21 Jahr, Forstmann, wurde mir am 14. Januar d. J. von seinem Bruder Dr. med. Meding in Frankenberg behufs Einleitung der Atropinkur zugesandt.

$M = -\frac{1}{7}$. Bei dem Vorhalten jedes schwächeren oder stärkeren Concavglases wurde sofort und mit grösster Bestimmtheit Verschlechterung des Sehens angegeben. $S. = \frac{20}{XXX}$ beiderseits.

Klage über subjective Reizerscheinungen. Die Untersuchung mit dem Augenspiegel ergab sehr schmale, scharf begrenzte Staphylome, allgemeine Hyperämie des sonst normalen Augenhintergrundes. Trotz sofortiger 4—5 Mal in Pausen von 10 zu 10 Minuten erfolgter Atropinisation blieb derselbe Grad von Myopie bestehen. Ebenso am 2. und 3. Tage, während dem das Atropin weiter instillirt wurde.

Dem negativen Erfolge gemäss eröffnete ich dem Patienten, dass die Atropinkur eine Gradverminderung voraussichtlich nicht erzielen werde, wohl aber die Sehschärfe bis zur normalen Höhe erfahrungsgemäss heben könne.

Im Einklang damit konnte in den ersten 11 Tagen der Kur trotz energisch fortgesetzter Atropinisation auch nicht die Spur einer Gradverminderung nachgewiesen werden. Erst am 29. Januar, also am 14. Tage der Kur, ging die Myopie auf r. $-\frac{1}{7^1/_2}$, l. $-\frac{1}{7^1/_2}$ zurück; am 1. Februar betrug M $=$ r. $-\,^1/_8$, l. $-\frac{1}{7^1/_2}$, am 3. Februar r. $-\frac{1}{8^1/_2}$, l. $-\,^1/_8$, am 7. Februar r. $-\,^1/_9$, l. $-\,^1/_8$. Eine weitere Gradverminderung wurde nicht beobachtet.

Auf die Amblyopie hatte die Kur bis zum 29. Januar keinen Einfluss ausgeübt; dieselbe hob sich erst nach 7 Injectionen von Strychnin.

Da die Annahme eines die Myopie complicirenden Accommodationskrampfes nach dem Gesagten als ungerechtfertigt erscheinen durfte, so muss die in der 3. Woche der Kur nachgewiesene Gradverminderung auf Verkürzung der Augenaxe bezogen werden.

Nach der Berechnung beträgt dieselbe

für einen Rückgang der Myopie von $-\,^1/_7$ auf $-\frac{1}{7^1/_2}$ 0,13728 mm.,

» » » » » » $-\frac{1}{7^1/_2}$ » $-\,^1/_8$ 0,11830 »

» » » » » » $-\,^1/_8$ » $-\frac{1}{8^1/_2}$ 0,10300 »

» » » » » » $-\frac{1}{8^1/_2}$ » $-\,^1/_9$ 0,09049 »

Am Schluss jeder Krankengeschichte habe ich mir zur Bequemlichkeit der Leser die Freiheit genommen, den Werth der einer gewissen Gradverminderung entsprechenden Axenverkürzung hinzuzufügen, diese Gradverminderungen zu erklären und so dem Gange dieser Abhandlung vorzugreifen.

Beurtheilung der Krankengeschichten.

Diese Krankengeschichten zeigen, abgesehen von dem zuletzt mitgetheilten Falle, nicht nur in den ersten Tagen der Kur eine Abnahme des Myopie-Grades, sondern auch im Verlaufe der Kur weitere Gradverminderungen. Eine solche konnte fast bei jeder

Vorstellung von 5 zu 5 Tagen bisweilen bis zu Ende der Kur nachgewiesen werden. Es soll die Frage beantwortet werden: wie sind diese secundären Erfolge zu erklären?

Auf diejenigen, welche innerhalb der ersten 10 bis 14 Tage erzielt wurden, lege ich hier kein Gewicht; sie sind jedenfalls auf die vollständige Beseitigung des nach der ersten Einwirkung des Atropins noch restirenden Accommodationskrampfes zu beziehen; es frägt sich nur, wie die im letzten Drittel der durchschnittlich drei- bis vierwöchentlichen Kur beobachteten Gradverminderungen zu erklären sind? Etwa auch durch Hebung des noch restirenden Krampfes?

Wollte man alle, also auch die im letzten Drittel der Kur erzielten Gradverminderungen nur mit der Beseitigung des Accommodationskrampfes erklären, so müsste ja überall da, wo solche statthaben, ein die Myopie complicirender Accommodationskrampf angenommen werden. Soll diese Annahme etwa auch für Fall Meding (Nr. 1572) gelten, wo die Beobachtung einen die Myopie complicirenden Krampf des Ciliarmuskels ausschloss?

Ich wenigstens glaube mich zu dieser Annahme nicht berechtigt. Ferner: die Beseitigung eines Accommodationskrampfes an äusserlich nicht entzündeten Augen, deren Iris und Corpus ciliare ebenfalls frei von Entzündung ist, pflegt nach Anwendung des Atropins in kürzester Zeit zu erfolgen und höchstens einige Tage in Anspruch zu nehmen. Um derartige Augen handelt es sich aber bei der Atropinkur. Eine systematisch durchgeführte, wo es nöthig war, drei bis viermal täglich wiederholte Atropinisation muss das Eintreten dieser Wirkung nur noch beschleunigen, um so mehr, als die Kur-Diät jede andere Schädlichkeit, wie Einwirkung greller Lichtstrahlen, freihält und das Auge in möglichst absoluten Ruhezustand versetzt.

Mit vollem Rechte glaube ich daher annehmen zu dürfen, dass durchschnittlich in längst 10 bis 14 Tagen der Accommodationskrampf beseitigt ist. Diese Annahme, welche schon dem langen Zeitraum nach, in dem das Atropin wirken konnte, vieles für sich hat, erscheint noch aus einem anderen Grunde ungezwungen und gerechtfertigt. Nach Verlauf jenes Zeitraumes wurde im Allgemeinen ein Stationärbleiben der erzielten Kurerfolge, eine Pause bis zur nächsten Gradverminderung beobachtet. Diese Pause bedeutet das Ende des Accommodationskrampfes und den Anfang eines neu einwirkenden Factors. Beiläufig sei hier eingeschaltet, dass aus physiologischen Gründen die Annahme nahe liegt, den Ciliarmuskel dann schon für vollständig zu halten, sobald die Pupille sich vollständig erweitert hat. Wäre dem immer so, so würde man ausser dem functionellen noch einen eben so sicheren objectiven Nachweis der Accommodationslähmung haben. Ich habe aber Fälle beobachtet, wo trotz der ad maximum erweiterten, sogenannten Atropin-Pupille die Fähigkeit zu accommodiren bis zu einem gewissen Grade immer noch bestand. Liebreich (l. c. I. S. 130) und Dobrowolsky (A. f. O. VIII. I. S. 261) beobachteten dasselbe.

Um den neu einwirkenden Factor kennen zu lernen, ist es nothwendig, dass man sich die sonstige Wirkung des Atropins resp. der Atropinkur vergegenwärtige. Dieselbe besteht, wie auf pp. 8 bis 11 auseinandergesetzt wurde, ausser der antispastischen

1) in Herabsetzung des intraocularen Druckes und

2) in der Beseitigung der ophthalmoskopisch nachweisbaren Reizerscheinungen am hinteren Pol und daraus resultirender Erhöhung der Elasticität der Augenhäute an dieser Stelle.

Ich behaupte nun : jede nach vollständiger Hebung des Accommodationskrampfes nachgewiesene Gradverminderung muss aus der combinirten Wirkung dieser beiden Factoren erklärt werden ; dieselbe kann nur dadurch zu Stande kommen, dass der hintere (zweite) Brennpunkt nach vorn rückt, dass also eine wirkliche Axenverkürzung durch actives Vorrücken des hinteren Augenpoles statthat.

Zu der Annahme einer Axenverkürzung bin ich zunächst per exclusionem gelangt.

Es handelt sich nun darum, noch andere Beweise für dieselbe beizubringen.

Der Gedanke an die Möglichkeit einer Axenverkürzung hat zunächst bei eingehender Betrachtung gar nichts so Ungeheuerliches. Wenn die der progressiven Myopie zu Grunde liegende Verlängerung der Augenaxe statt hat, sobald gewisse Bedingungen gegeben sind, wie Erhöhung des intraocularen Druckes, verminderte Widerstandsfähigkeit des hinteren Augenpoles, muss da nicht die Möglichkeit einer Verkürzung der Augenaxe zugegeben werden, wenn jene Bedingungen der Axenverlängerung in negativem Sinne bestehen? Und solche Bedingungen setzt die Kur.

Offenbar musste die Möglichkeit der Axenverkürzung, welche ich zur Erklärung gewisser Gradverminderungen in den mitgetheilten Fällen anzunehmen gezwungen bin, an gewisse Vorbedingungen geknüpft sein.

Es war daher von Interesse, alle jene Verhältnisse näher zu berücksichtigen, die von Einfluss auf jene Axenverkürzung sein konnten: wie das Alter der betreffenden Patienten, den Grad der Myopie vor der Kur, den Grad der ophthalmoskopischen Veränderungen, die Zeit, in der die Gradverminderung erfolgte und schliesslich das Stück Wegs zu berechnen, um das sich die Augenaxe zur Erklärung derselben verkürzen muss.

Umstehende Tabelle giebt über diese Verhältnisse übersichtlich Aufschluss.

Aus derselben geht für alle Fälle folgendes Gemeinsame hervor:

1) das jugendliche Alter der Patienten;

2) ein nicht hoher Grad der Kurzsichtigkeit;

3) geringe ophthalmoskopische Veränderungen des Augenhintergrundes;

4) der Termin, an welchem nach Beginn der Kur die besagten Gradverminderungen der Myopie eintraten, fällt erst in die dritte bis vierte Woche der Kur;

5) die Gradverminderungen sind gering bruchwerthig.

Die Deutung dieser gemeinsamen Charaktere von ad 1 bis 3 ist nicht schwer: die Gradverminderung in Folge einer acquirirten Verkürzung der Augenaxe ist nur dann möglich, wenn die Elasticität

Befund	Wert 1	Wert 2			
Beiderseits keine Staphylomata. Hyperämie des Augenhintergrundes.	0,10045	0,10045	$-\frac{1}{120}$	$-\frac{1}{120}$	$-\frac{1}{30}$ auf $-\frac{1}{40}$; $-\frac{1}{30}$ auf $-\frac{1}{10}$
Hyperämie des Augenhintergrundes.	0,05964	0,05964	$-\frac{1}{200}$	$+\frac{1}{200}$	$-\frac{1}{10}$ auf $-\frac{1}{50}$; $-\frac{1}{10}$ auf $-\frac{1}{50}$
Kein Staphylom; Hyperämie des Augenhintergrundes. Hyperämie des Augenhintergrundes.	0,20492	—	$-\frac{1}{60}$		$-\frac{1}{20}$ auf $-\frac{1}{30}$
	—	0,12083			$-\frac{1}{12}$ auf $-13\frac{1}{2}$
Hyperämie des Augenhintergrundes.	0,04671	0,03419	$+\frac{1}{264}$	$+\frac{1}{300}$	$-\frac{1}{22}$ auf $-\frac{1}{24}$; $-13\frac{1}{2}$ auf -14
	—	0,05964		$+\frac{1}{398}$	$-\frac{1}{40}$ auf $-\frac{1}{50}$
Zeigt Nichts Besonderes.	—	0,10175		$+\frac{1}{200}$	$-\frac{1}{24}$ auf $-\frac{1}{30}$
	0,09298	0,06711	$-\frac{1}{127\frac{1}{7}}$	$+\frac{1}{120}$	$-\frac{1}{30}$ auf $-\frac{1}{36}$; $-\frac{1}{30}$ auf $-\frac{1}{36}$
	0,23400			$+\frac{1}{180}$	$-\frac{1}{36}$ auf $-\frac{1}{50}$
Deutliche Chorioiditis nach aussen von beiden Papillen, links schwächer.	0,10313	0,06711	$-\frac{1}{120}$	$+\frac{1}{180}$	$-\frac{1}{50}$ auf $=\frac{1}{8}$; $-\frac{1}{30}$ auf $-\frac{1}{36}$
	0,10178	—	$-\frac{1}{120}$	$+\frac{1}{105}$	$-\frac{1}{20}$ auf $-\frac{1}{24}$
1/3 papillenbreite entzündliche Staphylomata.	0,11431	—	$-\frac{1}{112}$	$+\frac{1}{120}$	$-\frac{1}{24}$ auf $-\frac{1}{30}$
Schmale, scharf begrenzte Staphylomata, allgemeine Hyperämie beider Augenhintergrunde.	0,13729	0,13728	$+\frac{1}{105}$	$+\frac{1}{136}$	$-\frac{1}{14}$ auf $-\frac{1}{16}$; $-\frac{1}{7}$ auf $-7\frac{1}{2}$
	—	0,11830			$-\frac{1}{7}$ auf $-7\frac{1}{2}$; $-\frac{1}{7\frac{1}{2}}$ auf -8
	0,11830	0,10300	$-\frac{1}{120}$	$+\frac{1}{153}$	$-\frac{1}{7\frac{1}{2}}$ auf -8 ; $-\frac{1}{8}$ auf $-8\frac{1}{2}$
		0,09049			$-\frac{1}{8\frac{1}{2}}$ auf -9

der Augenhäute noch keine starke Einbusse erlitten hat, wie dies
bei höheren Graden von Myopie mit hochgradigen Staphylomen
statthaben würde. Denn nur dann kann dem Auge der günstige
Einfluss der Kur auf die Reizerscheinungen am hintern Pole zu Gute
kommen; nur dann kann letzterer denjenigen Grad von Elasticität
wieder erhalten, der ihn befähigt, nach Massgabe der durch das
Atropin bedingten Herabsetzung des intraocularen Druckes activ
nach vorn zu rücken.

Der Gründlichkeit wegen habe ich es nicht unterlassen, alle
Fälle von hochgradiger Myopie mit tieferen pathologischen Veränderungen, gegen welche die Atropinkur angewendet wurde, auf den
hier interessirenden Kurerfolg näher anzusehen. Diese Prüfung hat
ergeben, dass derselbe auch in keinem einzigen Falle nachgewiesen
werden konnte. Vielmehr blieb nach Beseitigung des etwa complicirenden Accommodationskrampfes, die dann in den ersten Tagen
der Kur erfolgte, der gefundene Grad der Myopie für die übrige
Dauer der Kur constant (vergleiche die Fälle unter der laufenden
Nr. 120, 121, 127, 135, 138, 139, 143), oder es trat bei fehlendem
Spasmus musc. ciliaris gar keine Gradverminderung ein. (Vergleiche
den Fall unter der laufenden Nr. 130.)

Selbstverständlich gehört zur Beseitigung jener Reizerscheinungen ein gewisser Zeitraum; im Einklange hiermit wird dann auch
jene Gradverminderung der Myopie ausnahmslos erst im Laufe der
3. oder 4. Woche nach Beginn der Kur beobachtet.

Von grosser Wichtigkeit war es, den Werth der Axenverkürzung
für den in Rede stehenden Rückgang der Myopie kennen zu lernen.

Die Resultate der zu diesem Zwecke vorgenommenen Berech-
nungen legen nun der Möglichkeit einer Axenverkürzung nicht die
geringste Schwierigkeit in den Weg, da schon minimale Excursionen
von höchstens $^2/_{10}$ Millimeter des hinteren Augen-Poles nach vorn
genügen, um die gering bruchwerthigen Gradverminderungen zu
erklären.

Zu der genannten Berechnung diente die Formel

$$l_1 \, l_2 = F_1 \, F_2,$$

welche von Helmholtz in seiner »Physiologischen Optik« (§ 9, 8 c) für die Lage der Bilder eines zusammengesetzten Systems gegeben ist. In dieser Gleichung bedeuten l_1 und l_2 die Entfernungen der zusammengehörigen Bilder von den Brennpunkten; das Product $F_1 F_2$ ist eine Constante, welche für das Listing'sche schematische Auge 301,26 □Mm. beträgt. Bezeichnet man nun die gedachten Entfernungen vor der Atropinkur mit l_1' und l_2', nach der Kur mit l_1'' und l_2'', und beachtet man, dass die Grössen l_1' und l_1'' durch die Bestimmung des Grades der Myopie vor und nach der Kur gefunden werden, so liefert offenbar der Abstand der Bilder in beiden Fällen, d. h. die Differenz $l_2'' - l_2'$ direct die fragliche Verkürzung der Augenaxe. Nun ist

$$l_2' = \frac{F_1 F_2}{l_1'}$$

$$l_2'' = \frac{F_1 F_2}{l_1''}, \text{ also}$$

$$l_2'' - l_2' = \frac{F_1 F_2 (l_1' - l_1'')}{l_1' l_1''}.$$

Es ist nur noch zu bemerken, dass dabei die Grössen h' und l_1'' in Millimetern auszudrücken sind.

Ich resümire den Inhalt des zweiten Theiles meiner Arbeit:

Für die Möglichkeit einer Axenverkürzung des Auges, die gewisse, durch die Atropinkur erzielte Gradverminderungen der Myopie erklären soll, spricht

1) der Beweis per exclusionem:

Wenn trotz Beseitigung des die Myopie complicirenden Accommodationskrampfes

oder

wenn trotz fehlendem Krampfe Gradverminderungen auftreten (Fall Meding), so können diese nur in einer Verkürzung der Augenaxe begründet sein.

2) Die Kur setzt die anatomischen Bedingungen für eine eventuelle Axenverkürzung :

   a. Herabsetzung des intraocularen Druckes;

   b. grössere Widerstandsfähigkeit des hinteren Poles.

Dass letztere eine grosse Rolle spielt, beweisen

   1) positiv die Fälle, bei denen die in Rede stehenden Resultate auftraten;

   2) negativ diejenigen Fälle, bei denen solche ausblieben.

3) Den mathematischen Beweis liefert die Berechnung.

Am Schluss dieser Arbeit fühle ich mich veranlasst, meinem Assistenten Herrn Dr. med. Nobis für die bei derselben geleistete Hülfe zu danken.

Stand	Grad der Myopie vor der Kur.		Refraction zu den andern Tagen der Kur		Berechneter Werth des primären Erfolges		Refraction nach der Kur.		Berechneter Werth des definitiven Erfolges		Durchmesser Werth des Total-Erfolges		Refraction bei einer späteren Vorstellung		Berechneter Werth d. persistirenden Erfolges		Verminderte Glätte nach der Kur.		Grad der Sehschärfe vor / nach der Kur					Ophthalmoskopischer Befund.	
	Rechts	Links	Rechts	Links	Rechts	Links	Rechts	Links	Rechts	Links	Rechts	Links	Rechts	Links	Rechts	Links	Rechts	Links	Rechts	Links	Rechts	Links		Rechts	Links
Schüler	$-\frac{1}{50}$	$-\frac{1}{50}$	$\frac{1}{\infty}$	$\frac{1}{\infty}$	$+\frac{1}{50}$	$+\frac{1}{50}$	$\frac{1}{\infty}$	$\frac{1}{\infty}$	0	0	$+\frac{1}{50}$	$+\frac{1}{50}$	Vacat.	Vacat.	keine		$\frac{20}{SX}$	$\frac{20}{XX}$	$\frac{20}{XX}$	$\frac{20}{XX}$	10			—	—
Seminarist	$-\frac{1}{50}$	$-\frac{1}{50}$	$\frac{1}{\infty}$	$\frac{1}{\infty}$	$+\frac{1}{50}$	$+\frac{1}{50}$	$\frac{1}{\infty}$	$\frac{1}{\infty}$	0	0	$+\frac{1}{50}$	$+\frac{1}{50}$	nach 6 Wochen $\frac{1}{\infty}$ / $\frac{1}{\infty}$	$+\frac{1}{50}$	$+\frac{1}{50}$	keine		$\frac{20}{XX}$	$\frac{20}{XX}$	$\frac{20}{XX}$	$\frac{20}{XX}$	14		—	—
Seminarist	$-\frac{1}{50}$	$-\frac{1}{50}$	$\frac{1}{\infty}$	$\frac{1}{\infty}$	$+\frac{1}{50}$	$+\frac{1}{50}$	$\frac{1}{\infty}$	$\frac{1}{\infty}$	0	0	$+\frac{1}{50}$	$+\frac{1}{50}$	nach 40 Tagen $\frac{1}{\infty}$ / $\frac{1}{\infty}$	$+\frac{1}{50}$	$+\frac{1}{50}$	keine		$\frac{20}{XX}$	$\frac{20}{XX}$	$\frac{20}{XX}$	$\frac{20}{XX}$	15		—	—
Seminarist	$-\frac{1}{50}$	$-\frac{1}{50}$	$+\frac{1}{50}$	$+\frac{1}{50}$	$+\frac{1}{18}$	$+\frac{1}{18}$	$\frac{1}{24}$	$\frac{1}{24}$	$+\frac{1}{120}$	$+\frac{1}{120}$	$+\frac{1}{16}$	$+\frac{1}{16}$	Vacat.	Vacat.	$+\frac{1}{40}$	$+\frac{1}{40}$	$\frac{20}{XX}$	$\frac{20}{XX}$	$\frac{20}{XX}$	$\frac{20}{XX}$	32	kleine progressive Staphylome.	
	$-\frac{1}{50}$	$-\frac{1}{50}$	$\frac{1}{\infty}$	$\frac{1}{\infty}$	$+\frac{1}{50}$	$+\frac{1}{50}$	$\frac{1}{\infty}$	$\frac{1}{\infty}$	0	0	$+\frac{1}{50}$	$+\frac{1}{50}$	Vacat.	Vacat.	keine		$\frac{20}{XX}$	$\frac{20}{XX}$	$\frac{20}{XX}$	$\frac{20}{XX}$	4	—	—
	$-\frac{1}{50}$	$-\frac{1}{50}$	$\frac{1}{\infty}$	$\frac{1}{\infty}$	$+\frac{1}{50}$	$+\frac{1}{50}$	$\frac{1}{\infty}$	$\frac{1}{\infty}$	0	0	$+\frac{1}{50}$	$+\frac{1}{50}$	Vacat.	Vacat.	keine		$\frac{20}{XX}$	$\frac{20}{XX}$	$\frac{20}{XX}$	$\frac{20}{XX}$	14	Hyperämische Papillen. Starker Venenpuls.	
Seminarist	$-\frac{1}{50}$	$-\frac{1}{50}$	$\frac{1}{120}$	$\frac{1}{120}$	$+\frac{1}{55}$	$+\frac{1}{55}$	$\frac{1}{\infty}$	$\frac{1}{\infty}$	$+\frac{1}{120}$	$+\frac{1}{120}$	$+\frac{1}{50}$	$+\frac{1}{50}$	nach 6 Wochen $\frac{1}{\infty}$ / $\frac{1}{\infty}$	$+\frac{1}{50}$	$+\frac{1}{50}$	keine		$\frac{20}{XX}$	$\frac{20}{XX}$	$\frac{20}{XX}$	$\frac{20}{XX}$	42	Papillen hyperämisch.	
Seminarist	$-\frac{1}{15C.}$	$-12C.$	Vacat.	Vacat.			$\frac{1}{\infty}$	$\frac{1}{\infty}$	$+\frac{1}{48}$	$+\frac{1}{42}$	$+\frac{1}{43}$	$+\frac{1}{42}$	Vacat.	Vacat.	keine		$\frac{20}{XX}$	$\frac{20}{XX}$	$\frac{20}{XX}$	$\frac{20}{XX}$	39		
Seminarist	$-\frac{1}{14C.}$	$\frac{1}{\infty}$	$-18C.$		0	—	$\frac{1}{\infty}$	$\frac{1}{\infty}$	$+\frac{1}{45}$		$+\frac{1}{45}$	—	Vacat.	Vacat.	keine		$\frac{20}{XX}$		$\frac{20}{XX}$		26		
	$-\frac{1}{40}$	$\frac{1}{\infty}$	$-\frac{1}{40}$		0	0	$\frac{1}{120}$	$\frac{1}{60}$	$+\frac{1}{60}$	—	$+\frac{1}{60}$	—	Vacat.	Vacat.	keine		$\frac{20}{XXX}$		$\frac{20}{XX}$		11		
	$-\frac{1}{40}$	$-\frac{1}{40}$	$-\frac{1}{50}$	$-\frac{1}{50}$	$+\frac{1}{200}$	$+\frac{1}{200}$	$-\frac{1}{50}$	$-\frac{1}{50}$	0	0	$+\frac{1}{200}$	$+\frac{1}{200}$	Vacat.	Vacat.	$-\frac{1}{50}$ / $-\frac{1}{50}$		$\frac{20}{XX}$	$\frac{20}{XX}$	$\frac{20}{XX}$	$\frac{20}{XX}$	22		
	$-\frac{1}{40}$	$-\frac{1}{40}$	$\frac{1}{\infty}$	$\frac{1}{\infty}$	$+\frac{1}{40}$	$+\frac{1}{40}$	$\frac{1}{\infty}$	$\frac{1}{\infty}$	0	0	$+\frac{1}{40}$	$+\frac{1}{40}$	Vacat.	Vacat.	keine		$\frac{20}{XX}$	$\frac{20}{XX}$	$\frac{20}{XX}$	$\frac{20}{XX}$	27	—	—
Handelsschüler	$-\frac{1}{40}$	$-\frac{1}{40}$	$-\frac{1}{50}$	$-\frac{1}{50}$	$+\frac{1}{200}$	$+\frac{1}{200}$	$\frac{1}{120}$	$\frac{1}{120}$	$+\frac{1}{55}$	$+\frac{1}{85}$	$+\frac{1}{60}$	$+\frac{1}{60}$	Vacat.	Vacat.	$\frac{1}{120}$ / $\frac{1}{120}$		$\frac{20}{XX}$	$\frac{20}{XX}$	$\frac{20}{XX}$	$\frac{20}{XX}$	22	kleine Staphylome beiderseits.	
	$-\frac{1}{40}$	$-\frac{1}{40}$	$-\frac{1}{50}$	$-\frac{1}{50}$	$+\frac{1}{200}$	$+\frac{1}{200}$	$\frac{1}{\infty}$	$\frac{1}{\infty}$	$+\frac{1}{50}$	$+\frac{1}{50}$	$+\frac{1}{40}$	$+\frac{1}{40}$	Vacat.	Vacat.	keine		$\frac{20}{XX}$	$\frac{20}{XX}$	$\frac{20}{XX}$	$\frac{20}{XX}$	50	—	—
	$-\frac{1}{40}$	$\frac{1}{40}$	$\frac{1}{\infty}$	$\frac{1}{\infty}$	$+\frac{1}{40}$	$+\frac{1}{40}$	$\frac{1}{\infty}$	$\frac{1}{\infty}$	0	0	$+\frac{1}{40}$	$+\frac{1}{40}$	Vacat.	Vacat.	keine		$\frac{20}{XX}$	$\frac{20}{XX}$	$\frac{20}{XX}$	$\frac{20}{XX}$	21		

$+\frac{1}{23}$	Nach 3 Wochen $\frac{1}{60}$ | $\frac{1}{60}$	$+\frac{1}{60}$ | $+\frac{1}{60}$	keine	$\frac{20}{XX}$	$\frac{20}{XX}$	$\frac{20}{XX}$	$\frac{20}{XX}$
$+\frac{1}{14}$	Vacat.	Vacat.	$+\frac{1}{24}$ | $\frac{1}{24}$	$\frac{20}{XX}$	$\frac{20}{XX}$	$\frac{20}{XX}$	$\frac{20}{XX}$
$+\frac{1}{65}$	Nach 4 Wochen $\frac{1}{60C.}$ | $\frac{1}{48C.}$	$+\frac{1}{60}$ | $+\frac{1}{65}$	$\frac{1}{60C.}$ | $\frac{1}{48C.}$	$\frac{20}{LXX}$	$\frac{20}{Y.}$	$\frac{20}{T.}$	$\frac{20}{XT.}$
$+\frac{1}{50}$	Varat.	Vacat.	keine	$\frac{20}{XX}$	$\frac{20}{XX}$	$\frac{20}{XX}$	$\frac{20}{XX}$
$+\frac{1}{30}$	Vacat.	Vacat.	keine	$\frac{20}{XX}$	$\frac{20}{XX}$	$\frac{20}{XX}$	$\frac{20}{XX}$
$+\frac{1}{75}$	Vacat.	Vacat.	keine	$\frac{20}{CO}$	$\frac{20}{XX}$	$\frac{20}{CO}$	$\frac{20}{XX}$
$+\frac{1}{15}$	Vacat.	Vacat.	keine	$\frac{20}{XX}$	$\frac{20}{XX}$	$\frac{20}{XX}$	$\frac{20}{XX}$
$+\frac{1}{40}$	Vacat.	Vacat.	keine	$\frac{20}{XX}$	$\frac{20}{XX}$	$\frac{20}{XX}$	$\frac{20}{XX}$
$+\frac{1}{46}$	Nach 27 Tage $\frac{1}{50}$ | $\frac{1}{50}$	$+\frac{1}{40}$ | $+\frac{1}{40}$	$\frac{1}{50}$ | $\frac{1}{50}$	$\frac{20}{XX}$	$\frac{20}{XX}$	$\frac{20}{XX}$	$\frac{20}{XX}$
$+\frac{1}{24}$	Vacat.	Vacat.	keine	$\frac{20}{XX}$	$\frac{20}{XX}$	$\frac{20}{XX}$	$\frac{20}{XX}$
$+\frac{1}{40}$	Vacat.	Vacat.	keine	$\frac{20}{XX}$	$\frac{20}{XX}$	$\frac{20}{XX}$	$\frac{20}{XX}$
$+\frac{1}{24}$	Nach 3 Wochen $\frac{1}{60}$ | $\frac{1}{60}$	$+\frac{1}{24}$ | $+\frac{1}{24}$	keine	$\frac{20}{XX}$	$\frac{20}{XX}$	$\frac{20}{XX}$	$\frac{20}{XX}$
$+\frac{1}{24}$	Vacat.	Vacat.	keine	$\frac{20}{XX}$	$\frac{20}{XX}$	$\frac{20}{XX}$	$\frac{20}{XX}$

$-\frac{1}{24}$	$-\frac{1}{24}$	$\frac{1}{\infty}$	$\frac{1}{\infty}$	$+\frac{1}{24}$	$+\frac{1}{24}$	$\frac{1}{\infty}$	$\frac{1}{\infty}$	0	0	$+\frac{1}{24}$	$+\frac{1}{24}$	Nach 2 Monaten $\frac{1}{120} \mid \frac{1}{120}$	$+\frac{1}{30}$	$+\frac{1}{30}$	keine	$\frac{20}{XX}$	$\frac{20}{XX}$	$\frac{20}{XX}$	$\frac{20}{XX}$	11	Papillen klein, beiderseits schmale Staphylome.
$-\frac{1}{24}$	$-\frac{1}{24}$	$\frac{1}{\infty}$	$\frac{1}{\infty}$	$+\frac{1}{24}$	$+\frac{1}{24}$	$\frac{1}{\infty}$	$\frac{1}{\infty}$	0	0	$+\frac{1}{24}$	$+\frac{1}{24}$	Nach 6 Tagen $\frac{1}{\infty} \mid \frac{1}{\infty}$	$+\frac{1}{24}$	$+\frac{1}{24}$	keine	$\frac{20}{XX}$	$\frac{20}{XX}$	$\frac{20}{XX}$	$\frac{20}{XX}$	5	Sehr hyperämische Papillen.
—	$-\frac{1}{24}$	—	$\frac{1}{50}$	—	$+\frac{1}{46}$	—	$\frac{1}{50}$		0	—	$+\frac{1}{46}$	Vacat.	Vacat.	keine	—	$\frac{20}{XX}$	—	$\frac{20}{XX}$		Negativ.
$-\frac{1}{30}$	$-\frac{1}{40}$	$-\frac{1}{50}$	$-\frac{1}{120}$	$+\frac{1}{26}$	$+\frac{1}{60}$	$-\frac{1}{50}$	$\frac{1}{\infty}$	$+\frac{1}{121}$	$+\frac{1}{120}$	$+\frac{1}{35}$	$+\frac{1}{46}$	Vacat.	Vacat.	$\frac{1}{40} \mid \frac{1}{40}$	$\frac{20}{XX}$	$\frac{20}{XX}$	$\frac{20}{XX}$	$\frac{20}{XX}$	29	Starker Venenpuls, Arterien im Verhältniss klein.
$-\frac{1}{20}$	$-\frac{1}{24}$	Vacat.	Vacat.			$-\frac{1}{120}$	$\frac{1}{120}$	Vacat.		$+\frac{1}{24}$	$+\frac{1}{30}$	Nach 27 Tagen $\frac{1}{120} \mid \frac{1}{120}$	$+\frac{1}{24}$	$+\frac{1}{30}$	keine	$\frac{20}{XX}$	$\frac{20}{XX}$	$\frac{20}{XX}$	$\frac{20}{XX}$	30	Papillen etwas verwischt, beiderseits beginnende Staphylome.
$-\frac{1}{20}$	$-\frac{1}{20}$	$-\frac{1}{24}$	$-\frac{1}{24}$	$+\frac{1}{120}$	$+\frac{1}{120}$	$-\frac{1}{30}$	$-\frac{1}{30}$	$+\frac{1}{120}$	$+\frac{1}{120}$	$+\frac{1}{60}$	$+\frac{1}{60}$	Vacat.	Vacat.	$\frac{1}{40} \mid \frac{1}{46}$	$\frac{20}{XX}$	$\frac{20}{XX}$	$\frac{20}{XX}$	$\frac{20}{XX}$	30	Kleine progressive entzündliche Staphylome.
$-\frac{1}{30}$	$-\frac{1}{20}$	$-\frac{1}{50}$	$-\frac{1}{50}$	$+\frac{1}{53}$	$+\frac{1}{33}$	$-\frac{1}{120}$	$-\frac{1}{120}$	$+\frac{1}{55}$	$+\frac{1}{55}$	$+\frac{1}{24}$	$+\frac{1}{24}$	Nach 5 Wochen $\frac{1}{50} \mid \frac{1}{50}$	$+\frac{1}{35}$	$+\frac{1}{35}$	keine	$\frac{20}{XX}$	$\frac{20}{XX}$	$\frac{20}{XX}$	$\frac{20}{XX}$	27	Schwache Staphylome, rechts grösser als links.
$-\frac{1}{30}$	$-\frac{1}{29}$	$-\frac{1}{40}$	$-\frac{1}{30}$	$+\frac{1}{120}$	$+\frac{1}{60}$	$-\frac{1}{50}$	$-\frac{1}{40}$	$+\frac{1}{200}$	$+\frac{1}{120}$	$+\frac{1}{15}$	$+\frac{1}{40}$	$-\frac{1}{50} \mid -\frac{1}{40}$	$+\frac{1}{15}$	$+\frac{1}{40}$	keine	$\frac{20}{XXX}$	$\frac{20}{T.}$	$\frac{20}{XX}$	$\frac{20}{XXX}$	15	Kleine halbkreisförmige Staphylome.
$-\frac{1}{15}$	$-\frac{1}{30}$	$-\frac{1}{22}$	$-\frac{1}{40}$	$+\frac{1}{120}$	$+\frac{1}{50}$	$+\frac{1}{50}$	$+\frac{1}{15}$	$+\frac{1}{22}$	$+\frac{1}{10}$	$+\frac{1}{15}$	Vacat.	Vacat.	keine	$\frac{20}{XXX}$	$\frac{20}{XXX}$	$\frac{20}{XX}$	$\frac{20}{XX}$	31	
$-\frac{1}{15}$	$-\frac{1}{15}$	$-\frac{1}{20}$	$-\frac{1}{20}$	$+\frac{1}{150}$	$+\frac{1}{150}$	$-\frac{1}{50}$	$-\frac{1}{24}$	$+\frac{1}{60}$	$+\frac{1}{120}$	$+\frac{1}{45}$	$+\frac{1}{12}$	Vacat.	Vacat.	keine	$\frac{20}{XX}$	$\frac{20}{XX}$	$\frac{20}{XX}$	$\frac{20}{XX}$	20	Progressiv entzündliche Staphylome.
—	$-\frac{1}{17}$	—	$-\frac{1}{24}$	$+\frac{1}{113}$	—	$-\frac{1}{20}$	0	—	$+\frac{1}{113}$	Vacat.	Vacat.	keine	hochgradige Amblyopie.	$\frac{20}{XI.}$		$\frac{20}{XXX}$	27	—	—
—	$-\frac{1}{17}$	—	$-\frac{1}{20}$	—	$+\frac{1}{153}$	—	$-\frac{1}{20}$	—	$+\frac{1}{60}$	—	$+\frac{1}{50}$	Vacat.	Vacat.	keine	hochgradige Amblyopie.	$\frac{20}{XI.}$		$\frac{20}{XXX}$	51	Hyperämie des Augenhintergrundes.

41	6374	M.	30	Kaufmann	$\frac{1}{17}$	$-\frac{1}{24}$	$-\frac{1}{24}$	$-\frac{1}{24}$	$+\frac{1}{55}$	0
42	5157	W.	19		$\frac{1}{17}$	$-\frac{1}{17}$	$-\frac{1}{40}$	$-\frac{1}{40}$	$+\frac{1}{99}$	$+\frac{1}{29}$
43	5536	M.	15		$\frac{1}{17}$	$-\frac{1}{17}$	$-\frac{1}{70}$	$-\frac{1}{90}$	$+\frac{1}{115}$	$+\frac{1}{115}$
44	32	W.	15		$\frac{1}{17}$	$-\frac{1}{17}$	$-\frac{1}{90}$	$-\frac{1}{24}$	$+\frac{1}{39}$	$+\frac{1}{56}$
45	27	W.	15		$\frac{1}{17}$	$-\frac{1}{17}$	$-\frac{1}{90}$	$-\frac{1}{90}$	$+\frac{1}{90}$	$+\frac{1}{99}$
46	593	M.		Kaufmann	$\frac{1}{16}$	$-\frac{1}{90}$	$-\frac{1}{90}$	$-\frac{1}{90}$	$+\frac{1}{99}$	$+\frac{1}{160}$
47	126	M.	16	Kaufmanns-lehrling	$\frac{1}{40}$	$-\frac{1}{16}$	$-\frac{1}{50}$	$-\frac{1}{20}$	$+\frac{1}{200}$	$+\frac{1}{60}$
48	6246	M.	21	Kaufmann	$\frac{1}{15}$	$-\frac{1}{24}$	$-\frac{1}{17}$	$-\frac{1}{90}$	$+\frac{1}{115}$	$+\frac{1}{120}$
49	6435	W.	14	—	$\frac{1}{15}$	$-\frac{1}{17}$	$-\frac{1}{24}$	$-\frac{1}{70}$	$+\frac{1}{40}$	$+\frac{1}{115}$
50	5734	M.	11	—	$\frac{1}{15}$	$-\frac{1}{15}$	$-\frac{1}{24}$	$-\frac{1}{24}$	$+\frac{1}{40}$	$+\frac{1}{40}$
51	5734	M.	11	Schüler	$\frac{1}{15}$	$-\frac{1}{15}$	Vacat.		Vacat.	
52	5024	M.	15	Seminarist	$\frac{1}{15}$	$-\frac{1}{15}$	$-\frac{1}{17}$	$-\frac{1}{17}$	$+\frac{1}{137}$	$+\frac{1}{127}$
53	5824	M.	16	—	$\frac{1}{90}$	$-\frac{1}{15}=$ $-\frac{1}{100.}$ Aus berechnet.	$-\frac{1}{120}$	$-\frac{1}{17}=$ $-\frac{1}{50C.}$	$+\frac{1}{127}$	$+\frac{1}{13}$
54	246	W.	32	—	$\frac{1}{16}$	$-\frac{1}{14}$	$-\frac{1}{16}$	$-\frac{1}{14}$	$+\frac{1}{144}$	0

		Vacat.	Vacat.							
11	—			20 XX	20 XX	20 XX	20 XX	37	Kleine Papillen.
17	Kaufmann	Vacat.	Vacat.	20 XX	20 XX	20 XX	20 XX	55	— | —
16	Seminarist	Vacat.	Vacat.	20 XX	20 XX	20 XX	20 XX	32	— | —
17	Seminarist	Vacat.	Vacat.	20 XX	20 XX	20 XX	20 XX	35	— | —
16	Seminarist	Nach 4 Wochen		20 XX	20 XX	20 XX	20 XX	20	— | —
14	—	Vacat.	Vacat.	20 XX	20 XX	20 XX	20 XX	20	— | —
15	Seminarist	Vacat.	Vocat. keine	20 XX	20 XX	20 XX	20 XX	34	Starke Venen. Kleine Arterien.
13	Schüler	Vacat.	Vacat.	20 XX	20 XX	20 XX	20 XX	44	Schmale jedoch progressive Staphylomata.
13	Schüler		keine	20 XX	20 XX	20 XX	20 XX	30	Schmale Staphylome.
15	Schülerin	Vacat.	Vacat.	20 XXX	20 XXX	20 XX	20 XXX	29	Progressive Staphylome.
17	Seminarist	Vacat.	Vacat.	20 XX	20 XX	20 XX	20 XX	18	— | —
17	Gewerbeschüler	Vacat.	Vacat.	20 XX	20 XX	20 XX	20 XX	37	Kleine Staphylome.
16	Baugewerkschüler	Nach 1½ Monat		20 XX	20 XX	20 XX	20 XX	35	— | —
14	—	Vacat.	Vacat.	20 XX	20 XX	20 XX	20 XX	20	— | —
15	Lehrling	Vacat. Vacat.	Vacat. Vacat.	20 XL	20 XX	20 XX	20 XX	25	Starke Venen.
19	Arbeiterin	Vacat.	Vocal. keine	20 XXX	20 XXX	20 XXX	20 XXX	37	Hyperämie des Augenhintergrundes beiderseits.

$+\frac{1}{17}$	$+\frac{1}{100}$	Vacat.	Vacat	$-\frac{1}{30}$	$-\frac{1}{100}$ als Längsaxis.	$\frac{20}{XX}$	$\frac{20}{XX}$	$\frac{20}{XX}$	$\frac{20}{XX}$	31	Chorioiditis ; ausgen von be Papillen.
$+\frac{1}{23}$	$+\frac{1}{30}$	Vacat.	Vacat.	$-\frac{1}{30}$	$-\frac{1}{30}$	$\frac{20}{XX}$	$\frac{20}{XX}$	$\frac{20}{XX}$	$\frac{20}{XX}$	42	—
$+\frac{1}{51}$	$+\frac{1}{132}$	Vacat.	Vacat.	$-\frac{1}{15}$	$-\frac{1}{15}$	$\frac{20}{XX}$	$\frac{20}{XX}$	$\frac{20}{XX}$	$\frac{20}{XX}$	47	—
$+\frac{1}{35}$	0	$-\frac{1}{10}$	$-\frac{1}{7}$	$-\frac{1}{10}$	$-\frac{1}{10}$ keine	$\frac{20}{L}$	$\frac{20}{L}$	$\frac{20}{XXX}$	$\frac{20}{XXX}$	26	—
$+\frac{1}{132}$	$+\frac{1}{94}$	Vacat.	Vacat.	$-\frac{1}{15}$	$-\frac{1}{15}$ stets zu tragen	$\frac{20}{XX}$	$\frac{20}{XXX}$	$\frac{20}{XX}$	$\frac{20}{XX}$	35	—
$+\frac{1}{51}$	$+\frac{1}{35}$	Vacat.	Vacat.	$-\frac{1}{24}$	$-\frac{1}{24}$ stets zu tragen	$\frac{20}{L}$	$\frac{20}{L}$	$\frac{20}{XXX}$	$\frac{20}{XXX}$	16	papillenbreit sündliche St lome.
$+\frac{1}{17}$	$+\frac{1}{17}$	Vacat.	Vacat.		Vacat.	$\frac{20}{XX}$	$\frac{20}{XX}$	$\frac{20}{XX}$	$\frac{20}{XX}$	29	—
0	$+\frac{1}{48}$	Vacat.	Vacat.	$-\frac{1}{50}$	$-\frac{1}{50}$ stets zu tragen	$\frac{20}{L}$	$\frac{20}{XX}$	$\frac{20}{XXX}$	$\frac{20}{XX}$	53	—
$+\frac{1}{35}$	$+\frac{1}{30}$	Vacat.	Vacat.		keine.	$\frac{20}{XXX}$	$\frac{20}{XXX}$	$\frac{20}{XX}$	$\frac{20}{XXX}$	36	Kleine Stapl mata.
$+\frac{1}{12}$	$+\frac{1}{15}$	Vacat.	Vacat.		keine.	$\frac{20}{XXX}$	$\frac{20}{U}$	$\frac{20}{XX}$	$\frac{20}{XL}$	28	Hyperämie d geuhintergru
$+\frac{1}{110}$	$+\frac{1}{60}$	Vacat.	Vacat.	$-\frac{1}{10}$	$-\frac{1}{10}$	$\frac{20}{XX}$	$\frac{20}{XX}$	$\frac{20}{XX}$	$\frac{20}{XX}$	20	—
$+\frac{1}{30}$	$+\frac{1}{30}$	Vacat.	Vacat.		Vacat.	$\frac{20}{XX}$	$\frac{20}{XX}$	$\frac{20}{XX}$	$\frac{20}{XX}$	30	—
$+\frac{1}{20}$	$+\frac{1}{20}$	Vacat.	Vacat.	$-\frac{1}{24}$	$-\frac{1}{24}$	$\frac{20}{XX}$	$\frac{20}{XX}$	$\frac{20}{XX}$	$\frac{20}{XX}$	26	Kleine Staph unscheinen Papillen.
$+\frac{1}{24}$	$+\frac{1}{24}$	Nach 14 Tagen $-\frac{1}{15}$ $-\frac{1}{15}$	$+\frac{1}{30}$ $+\frac{1}{30}$	$-\frac{1}{17}$	$-\frac{1}{17}$	$\frac{20}{XL}$	$\frac{20}{XL}$	$\frac{20}{XX}$	$\frac{20}{XX}$	20	—
$+\frac{1}{49}$	$+\frac{1}{25}$	Vacat.	Vacat.		keine.	$\frac{20}{XXX}$	$\frac{20}{XXX}$	$\frac{20}{XX}$	$\frac{20}{XX}$	28	Progressiv zu liche Staphyl
$+\frac{1}{30}$	$+\frac{1}{30}$	Vacat.	Vacat.		keine.	$\frac{20}{XX}$	$\frac{20}{XX}$	$\frac{20}{XX}$	$\frac{20}{XX}$	34	Venen stark Papillen beid stark roth

	$-\frac{1}{9}$	$-1,3$	$-\frac{1}{10}$	$-\frac{1}{15}$	$+\frac{1}{90}$	$+\frac{1}{97}$	$-\frac{1}{10}$	$-\frac{1}{12}$	0	0	$+\frac{1}{90}$	$+\frac{1}{57}$	Vacat.	Vacat.	$-\frac{1}{20}$	$-\frac{1}{24}$	$\frac{20}{XX}$	$\frac{20}{XX}$	$\frac{20}{XX}$	$\frac{20}{XX}$	37	Kleines Staphylom. Kleines Staphylom nach innen von der Papille.
Schreiber	$-\frac{1}{10}$	$-\frac{1}{9}$	$-\frac{1}{15}$	$-\frac{1}{15}$	$+\frac{1}{30}$	$+\frac{1}{22}$	$-\frac{1}{20}$	$-\frac{1}{17}$	$+\frac{1}{60}$	$+\frac{1}{127}$	$+\frac{1}{20}$	$+\frac{1}{19}$	Vacat.	Vacat.	$-\frac{1}{24}$	$-\frac{1}{24}$	$\frac{20}{XX}$	$\frac{20}{XX}$	$\frac{20}{XX}$	$\frac{20}{XX}$	42	Kleine Staphylome.
Schülerin	$-\frac{1}{9}$	$-\frac{1}{10}$	$-\frac{1}{10}$	$-\frac{1}{11}$	$+\frac{1}{90}$	$+\frac{1}{121}$	$-\frac{1}{11}$	$-\frac{1}{11}$	$+\frac{1}{35}$	$+\frac{1}{51}$	$+\frac{1}{25}$	$+\frac{1}{53}$	$-\frac{1}{14}$	$-\frac{1}{12}$	$+\frac{1}{25}$ $+\frac{1}{60}$		$\frac{20}{XX}$	$\frac{20}{XX}$	$\frac{20}{XX}$	$\frac{20}{XX}$	26	Progressiv entzündliche Staphylome.
	$-\frac{1}{9}$	$-\frac{1}{9}$	$-\frac{1}{12}$	$-\frac{1}{12}$	$+\frac{1}{36}$	$+\frac{1}{56}$	$-\frac{1}{15}$	$-\frac{1}{15}$	$+\frac{1}{60}$	$+\frac{1}{60}$	$+\frac{1}{22}$	$+\frac{1}{22}$	Vacat.	Vacat.	$-\frac{1}{24}$	$-\frac{1}{24}$	$\frac{20}{XXX}$	$\frac{20}{XX}$	$\frac{20}{XXX}$	$\frac{20}{XX}$	32	— ⏐ —
	$-\frac{1}{9}$	$-\frac{1}{9}$	Vacat.	Vacat.			$-\frac{1}{13}$	$-\frac{1}{13}$	Vacat.		$+\frac{1}{37}$	$+\frac{1}{27}$	Vacat.	Vacat.	$-\frac{1}{24}$	$-\frac{1}{24}$	$\frac{20}{XX}$	$\frac{20}{XX}$	$\frac{20}{XX}$	$\frac{20}{XX}$	28	— ⏐ —
	$-\frac{1}{9}$	$-\frac{1}{9}$	$-\frac{1}{12}$	$-\frac{1}{12}$	$+\frac{1}{36}$	$+\frac{1}{36}$	$-\frac{1}{14\frac{1}{2}}$	$-\frac{1}{14\frac{1}{2}}$	$+\frac{1}{108}$	$+\frac{1}{108}$	$+\frac{1}{27}$	$+\frac{1}{27}$	Vacat.	Vacat.	$-\frac{1}{14}$	$-\frac{1}{14}$	$\frac{20}{XX}$	$\frac{20}{XX}$	$\frac{20}{XX}$	$\frac{20}{XX}$	27	— ⏐ —
	$-\frac{1}{9}$	$-\frac{1}{9}$	$-\frac{1}{12}$	$-\frac{1}{12}$	$+\frac{1}{36}$	$+\frac{1}{36}$	$-\frac{1}{12}$	$-\frac{1}{12}$	0	0	$+\frac{1}{30}$	$+\frac{1}{30}$	Vacat.	Vacat.	$-\frac{1}{13}$	$-\frac{1}{17}$	$\frac{20}{XX}$	$\frac{20}{XX}$	$\frac{20}{XX}$	$\frac{20}{XX}$	28	— ⏐ —
Realschüler	$-\frac{1}{9}$	$-\frac{1}{9}$	$-\frac{1}{11}$	$-\frac{1}{11}$	$+\frac{1}{49}$	$+\frac{1}{49}$	$-\frac{1}{13\frac{1}{2}}$	$-\frac{1}{13\frac{1}{2}}$	$+\frac{1}{90}$	$+\frac{1}{99}$	$+\frac{1}{27}$	$+\frac{1}{27}$	Vacat.	Vacat.	Vacat.		$\frac{20}{XX}$	$\frac{20}{XX}$	$\frac{20}{XX}$	$\frac{20}{XX}$	27	Kleine progressiv entzündliche halbmondförmige Staphylome.
	$-\frac{1}{9}$	$-\frac{1}{14}$	$-\frac{1}{10}$	$-\frac{1}{20}$	$+\frac{1}{40}$	$+\frac{1}{46}$	$-\frac{1}{14}$	$-\frac{1}{21}$	$+\frac{1}{36}$	$+\frac{1}{120}$	$+\frac{1}{15}$	$+\frac{1}{33}$	$-\frac{1}{12}$	$-\frac{1}{20}$	$+\frac{1}{24}$ $+\frac{1}{46}$		Vacat.	$\frac{20}{XX}$	$\frac{20}{XX}$	$\frac{20}{XX}$	$\frac{20}{XX}$	46	
Seminarist	$-\frac{1}{9}$	$-\frac{1}{9}$	$-\frac{1}{10}$	$-\frac{1}{10}$	$+\frac{1}{40}$	$+\frac{1}{40}$	$-\frac{1}{12}$	$-\frac{1}{12}$	$+\frac{1}{60}$	$+\frac{1}{60}$	$+\frac{1}{24}$	$+\frac{1}{24}$	Vacat.	Vacat.	$-\frac{1}{15}$	$-\frac{1}{15}$	$\frac{20}{XX}$	$\frac{20}{XX}$	$\frac{20}{XX}$	$\frac{20}{XX}$	32	Kleine scharf begrenzte Staphylome.
	$-\frac{1}{9}$	$-\frac{1}{9}$	$-\frac{1}{9}$	$-\frac{1}{9}$	0	0	$-\frac{1}{9}$	$-\frac{1}{9}$	0	0	0	0	Vacat.	Vacat.	$-\frac{1}{13}$	$-\frac{1}{15}$	$\frac{20}{XX}$	$\frac{20}{XX}$	$\frac{20}{XX}$	$\frac{20}{XX}$	24	Kleine Staphylome.
Häcker	$-\frac{1}{9}$	$-\frac{1}{9}$	$-\frac{1}{9}$	$-\frac{1}{9}$	0	0	$-\frac{1}{9}$	$-\frac{1}{9}$	0	0	0	0	Vacat.	Vacat.	$-\frac{1}{10}$	$-\frac{1}{10}$	$\frac{20}{LXX}$	$\frac{20}{LXX}$	$\frac{20}{XL}$	$\frac{20}{L}$	39	Progressive Staphylomata.
Kaufmann	$-\frac{1}{9}$	$-\frac{1}{9}$	$-\frac{1}{10}$	$-\frac{1}{10}$	$+\frac{1}{40}$	$+\frac{1}{40}$	$-\frac{1}{12}$	$-\frac{1}{12}$	$+\frac{1}{60}$	$+\frac{1}{60}$	$+\frac{1}{24}$	$+\frac{1}{24}$	Nach 10 Tagen $-\frac{1}{12}$ ⏐ $-\frac{1}{12}$		$+\frac{1}{21}$	$+\frac{1}{24}$	$\frac{24}{XX}$	$\frac{20}{XX}$	$\frac{20}{XX}$	$\frac{20}{XX}$	30	Kleine Staphylome.
	$-\frac{1}{9}$	$-\frac{1}{9}$	$-\frac{1}{9}$	$-\frac{1}{9}$	$+\frac{1}{12}$	$+\frac{1}{12}$	$-\frac{1}{9}$	$-\frac{1}{9}$	0	0	$+\frac{1}{72}$	$+\frac{1}{72}$	Vacat.	Vacat.	$-\frac{1}{11}$	$-\frac{1}{11}$	$\frac{20}{XL}$	$\frac{20}{XL}$	$\frac{20}{XXX}$	$\frac{20}{XXX}$	39	— ⏐ —

101	8404	M.	52		$-\frac{1}{8}$	$-\frac{1}{8}$	$-\frac{1}{10}$	$-\frac{1}{10}$	$+\frac{1}{49}$	$+\frac{1}{40}$	$-\frac{1}{10}$	$-\frac{1}{10}$	0	0	$+\frac{1}{46}$	$+\frac{1}{40}$	Vacat.	Vacat.	Für die Ferne $-\frac{1}{12} - \frac{1}{13}$ Für die Nähe $-\frac{1}{16} - \frac{1}{16}$	20 XX	20 XX	20 XX	20 XX	2S Umschein. pille
102	6945	M.	23	Lehrer	$-\frac{1}{7\frac{1}{2}}$	$-\frac{1}{7\frac{1}{2}}$	$-\frac{1}{11}$	$-\frac{1}{11}$	$+\frac{1}{23}$	$+\frac{1}{23}$	$-\frac{1}{11}$	$-\frac{1}{11}$	0	0	$+\frac{1}{23}$	$+\frac{1}{23}$	Vacat.	Vacat.	$-\frac{1}{14} - \frac{1}{14}$	20 XXX	20 XXX	20 XXX	20 XXX	—
103	9176	M.	14		$-\frac{1}{7}$	$-\frac{1}{30}$	$-\frac{1}{5}$	$-\frac{1}{60}$	$+\frac{1}{54}$	$+\frac{1}{39}$	$-\frac{1}{5}$	$-\frac{1}{60}$	0	0	$+\frac{1}{56}$	$+\frac{1}{38}$	Vacat.	Vacat.	keine.	20 XXX	20 XXX	20 XXX	20 XXX	6 Stark progressives Staphylom.
104	6200	M.	18	Kaufmann	$-\frac{1}{7}$	$-\frac{1}{7}$	$-\frac{1}{8}$	$-\frac{1}{5}$	$+\frac{1}{53}$	$+\frac{1}{56}$	$-\frac{1}{5\frac{1}{2}}$	$-\frac{1}{5\frac{1}{2}}$	$+\frac{1}{136}$	$+136$	$+\frac{1}{39}$	$+\frac{1}{30}$	Vacat.	Vacat.	$-\frac{1}{15} - \frac{1}{15}$	20 XL	20 XL	20 XXX	20 XXX	30 Progressiv entzündl. Staphylom.
105	6658	M.	22	Kaufmann	$-\frac{1}{7\frac{1}{2}}$	$-\frac{1}{7}$	$-\frac{1}{5\frac{1}{2}}$	$-\frac{1}{5\frac{1}{2}}$	$+\frac{1}{63}$	$+\frac{1}{39}$	$-\frac{1}{9}$	$-\frac{1}{5\frac{1}{2}}$	$+\frac{1}{153}$	0	$+\frac{1}{43}$	$+\frac{1}{39}$	Stark einiges Monaten $-\frac{1}{9} - \frac{1}{9\frac{1}{2}}$	$+\frac{1}{45}$	$+\frac{1}{39}$	$-\frac{1}{17} - \frac{1}{17}$	20 XX	20 XXX	20 XX	20 XXX	22 Halbmond kleine Sta.
106	50	M.	18	Schlosserlehrling	$-\frac{1}{7}$	$-\frac{1}{7}$	$-\frac{1}{8}$	$-\frac{1}{5}$	$+\frac{1}{56}$	$+\frac{1}{56}$	$-\frac{1}{8}$	$-\frac{1}{5}$	0	0	$+\frac{1}{56}$	$+\frac{1}{56}$	Vacat.	Vacat.	dann als Longuette $-\frac{1}{20} - \frac{1}{20}$ $-\frac{1}{14} - \frac{1}{14}$	20 XXX	20 XL	20 XXX	20 XL.	30 Progressives Staphylom.
107	252	M.	17	Zeugschmied	$-\frac{1}{7}$	$-\frac{1}{7}$	$-\frac{1}{8}$	$-\frac{1}{8}$	$+\frac{1}{54}$	$+\frac{1}{56}$	$-\frac{1}{9}$	$-\frac{1}{8}$	$+\frac{1}{72}$	0	$+\frac{1}{51}$	$+\frac{1}{50}$	Vacat.	Vacat.	keine.	20 XX	20 XX	20 XX	20 XX	6 —
108	6242	M.	12	Schüler	$-\frac{1}{7}$	$-\frac{1}{7}$	$-\frac{1}{11}$	$-\frac{1}{11}$	$+\frac{1}{19}$	$+\frac{1}{10}$	$-\frac{1}{11}$	$-\frac{1}{11}$	0	0	$+\frac{1}{19}$	$+\frac{1}{10}$	Vacat.	Vacat.	$-\frac{1}{15} - \frac{1}{15}$	20 XX	20 XX	20 XX	20 XX	29 Kleine P
109	6473	M.	17	Seminarist	$-\frac{1}{7}$	$-\frac{1}{7}$	$-\frac{1}{8}$	$-\frac{1}{8}$	$+\frac{1}{56}$	$+\frac{1}{56}$	$-\frac{1}{9}$	$-\frac{1}{9}$	$+\frac{1}{72}$	$+\frac{1}{72}$	$+\frac{1}{51}$	$+\frac{1}{51}$	Vacat.	Vacat.	$-\frac{1}{8} - \frac{1}{8}$ $+\frac{1}{56} + \frac{1}{56}$	$-\frac{1}{12} - \frac{1}{12}$	20 XXX	20 XXX	20 XXX	20 XXX	29 Kleine Sta
110	4225	M.	20	Strumpfwirker	$-\frac{1}{7}$	$-\frac{1}{7}$	Vacat.	Vacat.	$-\frac{1}{10}$	$-\frac{1}{10}$	Vacat.	$+\frac{1}{72}$	$+\frac{1}{23}$	Vacat.	Vacat.	Vacat.				LXX	U	XXX	U	Kleine P Kleine C
111	6529	W.	13		$-\frac{1}{9\frac{1}{2}}$	$-\frac{1}{9\frac{1}{2}}$	$-\frac{1}{8}$	$-\frac{1}{8}$	$+\frac{1}{40}$	$-\frac{1}{10}$	$-\frac{1}{8}$	$+\frac{1}{72}$	0	$+\frac{1}{25}$	$+\frac{1}{40}$	Nach 14 Tagen $-\frac{1}{7\frac{1}{2}} - \frac{1}{7\frac{1}{2}}$	$+\frac{1}{66}$	$+\frac{1}{66}$	$-\frac{1}{14} - \frac{1}{14}$	20 XX	20 XX	20 XX	20 XX	3 Papillen neml. br Staphylom.
112	819	M.	16	Bäckerlehrling	$-\frac{1}{6}$	$-\frac{1}{6}$	$-\frac{1}{9}$	0	$+\frac{1}{72}$	$-\frac{1}{7}$	$-\frac{1}{9}$	$+\frac{1}{42}$	0	$+\frac{1}{42}$	$+\frac{1}{72}$	Vacat.		keine.	20 CC	20 CC	20 U	20 C	42 —
113	6736	W.			$-\frac{1}{8}$	$-\frac{1}{8}$	$-\frac{1}{7}$	$-\frac{1}{7}$	$+\frac{1}{42}$	0	$-\frac{1}{7}$	$-\frac{1}{7}$	0	0	$+\frac{1}{42}$	0	Nach 8 Tagen $-\frac{1}{6\frac{1}{2}} - \frac{1}{6\frac{1}{2}}$	$+\frac{1}{50}$	$+\frac{1}{66}$	Vacat.	20 LXX	20 L.	20 L	20 XL.	30 Progressives Staphylom.

Schüler	$-\frac{1}{6}$	$-\frac{1}{6}$	$-\frac{1}{7}$	$-\frac{1}{7}$	$+\frac{1}{42}$	$+\frac{1}{42}$	$-\frac{1}{9}$	$-\frac{1}{9}$	$+\frac{1}{24}$	$+\frac{1}{34}$	$+\frac{1}{15}$	$+\frac{1}{15}$	Nach 5 Wochen $-\frac{1}{5}$ $-\frac{1}{5}$	$+\frac{1}{24}$	$+\frac{1}{24}$	$-\frac{1}{30}$ $-\frac{1}{30}$	20 I.	20 I.	20 XX	20 XX
Gewerb-schüler	$-\frac{1}{6}$	$-\frac{1}{6}$	$-\frac{1}{7}$	$+\frac{1}{42}$	$+\frac{1}{42}$	$-\frac{1}{5}$	$-\frac{1}{5}$	$+\frac{1}{30}$	$+\frac{1}{30}$	$+\frac{1}{20}$	$+\frac{1}{20}$	Vacat.	Vacat.	Vacat.			20 XX	20 XX	20 XX	20 XX
Schüler	$-\frac{1}{6}$	$-\frac{1}{6}$	$-\frac{1}{7}$	$-\frac{1}{7}$	$+\frac{1}{42}$	$+\frac{1}{42}$	$-\frac{1}{9}$	$-\frac{1}{9}$	$+\frac{1}{34}$	$+\frac{1}{34}$	$+\frac{1}{15}$	$+\frac{1}{15}$	Nach 3 Monaten $-\frac{1}{5}$ $-\frac{1}{5}$	$+\frac{1}{24}$	$+\frac{1}{24}$	$-\frac{1}{36}$ $-\frac{1}{36}$	20 I.	20 I.	20 XX	20 XX
	$-\frac{1}{6}$	$-\frac{1}{6}$	Vacat.	Vacat.			$-\frac{1}{6\frac{1}{2}}$	$-\frac{1}{6\frac{1}{2}}$	Vacat.		$+\frac{1}{60}$	$+\frac{1}{60}$	Vacat.	Vacat.	$-\frac{1}{12}$ $-\frac{1}{12}$	20 XX	20 XX	20 XX	20 XX
	$-\frac{1}{6}$	$-\frac{1}{6}$	$-\frac{1}{7}$	$-\frac{1}{7}$	$+\frac{1}{42}$	$+\frac{1}{42}$	$-\frac{1}{5\frac{1}{2}}$	$-\frac{1}{5\frac{1}{2}}$	$+\frac{1}{39}$	$+\frac{1}{39}$	$+\frac{1}{20}$	$+\frac{1}{20}$	Vacat.	Vacat.	Vacat.	20 XX	20 XX	20 XX	20 XX
Schüler	$-\frac{1}{6}$	$-\frac{1}{6}$	$-\frac{1}{6}$	$-\frac{1}{7}$	$+\frac{1}{42}$	$-\frac{1}{5}$	$-\frac{1}{7\frac{1}{2}}$	$+\frac{1}{24}$	$+\frac{1}{105}$	$+\frac{1}{24}$	$+\frac{1}{20}$	Vacat.	Vacat.	Vacat.	20 XXX	20 XXX	20 XXX	20 XX§
	$-\frac{1}{6}$	$-\frac{1}{6}$	$-\frac{1}{7}$	$+\frac{1}{42}$	$+\frac{1}{42}$	$-\frac{1}{7}$	$-\frac{1}{7}$	0	0	$+\frac{1}{42}$	$+\frac{1}{12}$	$-\frac{1}{7}$	$-\frac{1}{7}$	$+\frac{1}{42}$ $+\frac{1}{42}$	$-\frac{1}{11}$ $-\frac{1}{11}$	20 XXX	20 XXX	20 XXX	20 XXX
Posteleve	$-\frac{1}{6}$	$-\frac{1}{6}$	$-\frac{1}{6}$	$-\frac{1}{7}$	0	$+\frac{1}{42}$	$-\frac{1}{7}$	$-\frac{1}{7}$	$+\frac{1}{42}$	0	$+\frac{1}{42}$	$+\frac{1}{12}$	Vacat.	Vacat.	$-\frac{1}{5}$ $-\frac{1}{5}$	20 XXX	20 XXX	20 XXX	20 XXX
Schüler	$-\frac{1}{6}$	$-\frac{1}{6}$	$-\frac{1}{6\frac{1}{2}}$	$-\frac{1}{6\frac{1}{2}}$	$+\frac{1}{114}$	$+\frac{1}{114}$	$-\frac{1}{9}$	$-\frac{1}{14}$	$+\frac{1}{24}$	$+\frac{1}{14}$	$+\frac{1}{15}$	$+\frac{1}{20}$	Vacat.	Vacat.	$-\frac{1}{10}$ $-\frac{1}{10}$	20 XX	20 XX	20 XX	20 XX
	$-\frac{1}{6}$	$-\frac{1}{6}$	$-\frac{1}{7}$	$-\frac{1}{7}$	$+\frac{1}{42}$	$+\frac{1}{42}$	$-\frac{1}{10}$	$-\frac{1}{10}$	$+\frac{1}{23}$	$+\frac{1}{23}$	$+\frac{1}{15}$	$+\frac{1}{15}$	Nach 2 Wochen $-\frac{1}{6\frac{1}{2}}$ $-\frac{1}{6\frac{1}{2}}$	$+\frac{1}{60}$	$+\frac{1}{60}$	$-\frac{1}{15}$ $-\frac{1}{15}$	20 XX	20 XX	20 XX	20 XX
Schüler	$-\frac{1}{5\frac{1}{2}}$	$-\frac{1}{6}$	$-\frac{1}{6\frac{1}{2}}$	$-\frac{1}{6\frac{1}{2}}$	$+\frac{1}{62}$	$+\frac{1}{68}$	$-\frac{1}{9}$	$-\frac{1}{14}$	$+\frac{1}{24}$	$+\frac{1}{12}$	$+\frac{1}{15}$	$+\frac{1}{10}$	Vacat.	Vacat.	keine.	20 XX	20 XX	20 XX	20 XX
	$-\frac{1}{5\frac{1}{2}}$	$-\frac{1}{5\frac{1}{2}}$	$-\frac{1}{7}$	$-\frac{1}{7}$	$+\frac{1}{32}$	$+\frac{1}{32}$	$-\frac{1}{6\frac{1}{2}}$	$-\frac{1}{7}$	$-\frac{1}{66\frac{1}{2}}$	0	$+\frac{1}{62}$	$+\frac{1}{32}$	Vacat.	Vacat.	Vacat.	20 XX	20 XX	20 XX	20 XX
	$-\frac{1}{5\frac{1}{2}}$	$-\frac{1}{5\frac{1}{2}}$	$-\frac{1}{6}$	$-\frac{1}{6}$	$+\frac{1}{138}$	$+\frac{1}{66}$	$-\frac{1}{6}$	$-\frac{1}{7\frac{1}{2}}$	0	$-\frac{1}{36}$	$+\frac{1}{138}$	$+\frac{1}{20}$	Nach 3 Monaten $-\frac{1}{5}$ $-\frac{1}{6}$	$-\frac{1}{39}$	$+\frac{1}{66}$	$-\frac{1}{15}$ $-\frac{1}{15}$	20 XI.	20 XXX	20 XXX	20 XX
Lehrling	$-\frac{1}{5\frac{1}{2}}$	$-\frac{1}{5}$	$-\frac{1}{6}$	$-\frac{1}{6}$	$+\frac{1}{66}$	$+\frac{1}{30}$	$-\frac{1}{6}$	$-\frac{1}{6}$	0	0	$+\frac{1}{66}$	$+\frac{1}{20}$	$-\frac{1}{6}$ $-\frac{1}{6}$	$+\frac{1}{60}$	$+\frac{1}{30}$	$-\frac{1}{12}$ $-\frac{1}{15}$	20 XXX	20 XI.	20 XXX	20 XXX

Grad der Myopie vor der Kur.		Refraction in den ersten Tagen der Kur.		Berechneter Werth des primären Erfolges.		Refraction nach der Kur.		Berechneter Werth des definitiven Erfolges.		Berechneter Werth des Total-Erfolges.		Refraction bei einer späteren Vorstellung.		Berechneter Werth d. persistirenden Erfolges.		Verordnete Gläser nach der Kur.		Grad der Leichtigkeit vor nach der Kur.			
Rechts	Links	Rechts	Links	Rechts	Links	Rechts	Links	Rechts	Links	Rechts	Links	Rechts	Links	Rechts	Links	Rechts	Links	Rechts	Links	Rechts	Links
$-\frac{1}{5\frac{1}{2}}$	$-\frac{1}{5\frac{1}{4}}$	$-\frac{1}{8}$	$-\frac{1}{6}$	$+\frac{1}{42}$	$+\frac{1}{42}$	$-5\frac{1}{2}$	$-5\frac{1}{2}$	$-\frac{1}{135}$	$-\frac{1}{179}$	$+\frac{1}{60}$	$+\frac{1}{60}$	Vacat.	Vacat.	Zum Lesen $-\frac{1}{12}$ $-\frac{1}{12}$ Dann für die Ferne $-\frac{1}{22}$ $-\frac{1}{22}$	$\frac{1}{11}$ $\frac{1}{11}$	20 XX	20 XX	20 XX	20 XX	27
$-\frac{1}{5\frac{1}{4}}$	$-\frac{1}{5}$	$-5\frac{1}{4}$	$-5\frac{1}{4}$	$+\frac{1}{116}$	$+\frac{1}{55}$	$-6\frac{1}{4}$	$-5\frac{1}{4}$	$+\frac{1}{126}$	$+\frac{1}{126}$	$+\frac{1}{60}$	$+\frac{1}{28}$	Vacat.	Vacat.	$-\frac{1}{11}$ $-\frac{1}{11}$	20 XXX	20 XXX	20 XXX	20 XXX	4
$-\frac{1}{16}$	$-\frac{1}{5}$	$-\frac{1}{16}$	$-\frac{1}{5}$	0	0	$-\frac{1}{16}$	$-\frac{1}{5}$	0	0	0	0	Vacat.	0	0	$-\frac{1}{15}$ $-\frac{1}{12}$ für die Ferne	20 L.	20 L.	20 L.	20 L.	22
$-\frac{1}{9}$	$-\frac{1}{8}$	$-\frac{1}{12}$	$-\frac{1}{6}$	$+\frac{1}{36}$	$+\frac{1}{36}$	$-\frac{1}{12}$	$-\frac{1}{7}$	0	$+\frac{1}{42}$	$+\frac{1}{36}$	$+\frac{1}{17}$	Nach 4 Wochen $-\frac{1}{12}$ $-\frac{1}{5\frac{1}{2}}$	$+\frac{1}{36}$	$+\frac{1}{38}$	$-\frac{1}{15}$ $-\frac{1}{15}$	20 XXX	20 LXX	20 XXX	20 LXX	11
$-\frac{1}{5}$	$-\frac{1}{5}$	$-\frac{1}{6}$	$-\frac{1}{6}$	$+\frac{1}{30}$	$+\frac{1}{30}$	$-\frac{1}{6}$	$-\frac{1}{6}$	0	0	$+\frac{1}{30}$	$+\frac{1}{30}$	Vacat.	Vacat.	$\frac{1}{7\frac{1}{2}}$ $\frac{1}{7\frac{1}{2}}$	20 LXX	20 LXX	20 CXX	20 LXX	16
$-\frac{1}{8}$	$-\frac{1}{5}$	$-\frac{1}{5}$	$-\frac{1}{5}$	0	$-\frac{1}{7\frac{1}{2}}$	$-\frac{1}{8}$	$-\frac{1}{20}$	$-\frac{1}{45}$	$+\frac{1}{20}$	Vacat.	Vacat.	$-\frac{1}{9}$ $-\frac{1}{9}$ stets zu tragen	20 CC	20 CC	20 CC	20 C	2
$-\frac{1}{5}$	$-4\frac{1}{2}$	Vacat.	Vacat.	$-\frac{1}{6\frac{1}{4}}$	$-6\frac{1}{4}$	Vacat.	$+\frac{1}{23}$	$+\frac{1}{19}$	Nach 7 Wochen $-\frac{1}{5\frac{1}{2}}$ $-\frac{1}{5\frac{1}{2}}$	$+\frac{1}{35}$	$+\frac{1}{27}$	$-\frac{1}{13}$ $-\frac{1}{13}$	30 XX	20 XX	20 XX	20 XX	15
$-\frac{1}{4\frac{1}{4}}$	$-\frac{1}{5}$	$-\frac{1}{5}$	$-\frac{1}{5}$	$+\frac{1}{45}$	0	$-\frac{1}{5}$	$-\frac{1}{5}$	0	0	$+\frac{1}{45}$	0	Vacat.	Vacat.	$-\frac{1}{10}$ $-\frac{1}{10}$ stets zu tragen	20 L	20 L	20 L	20 L	75
$-\frac{1}{4\frac{1}{4}}$	$-\frac{1}{4\frac{1}{4}}$	$-5\frac{1}{4}$	$-5\frac{1}{4}$	$+\frac{1}{21}$	$+\frac{1}{55}$	$-4\frac{1}{4}$	$-\frac{1}{5}$	$+\frac{1}{36}$	$+\frac{1}{105}$	$+\frac{1}{162}$	$+\frac{1}{18}$	Nach 14 Tagen $-\frac{1}{4\frac{1}{4}}$ $-\frac{1}{4\frac{1}{4}}$	$+\frac{1}{162}$	0	$-\frac{1}{5}$ $-\frac{1}{5}$	20 XXX	20 XXX	20 XXX	20 XXX	24
$-\frac{1}{4\frac{1}{4}}$	$-\frac{1}{4\frac{1}{2}}$	$-\frac{1}{5}$	$-\frac{1}{5}$	$+\frac{1}{32}$	$+\frac{1}{22}$	$-\frac{1}{5}$	$-\frac{1}{5}$	0	0	$+\frac{1}{32}$	$+\frac{1}{32}$	Vacat.	Vacat.	Vacat.	20 XL.	20 XL.	20 XL.	20 XL.	33
$-\frac{1}{4}$	$-\frac{1}{4}$	$-\frac{1}{4\frac{1}{2}}$	$-\frac{1}{4\frac{1}{2}}$	$+\frac{1}{36}$	$+\frac{1}{36}$	$-\frac{1}{5}$	$-\frac{1}{5}$	$+\frac{1}{45}$	$+\frac{1}{45}$	$+\frac{1}{30}$	$+\frac{1}{20}$	Vacat.	Vacat.	$-\frac{1}{10}$ $-\frac{1}{10}$ zum Lesen. Dazu $-\frac{1}{12}$ $-\frac{1}{12}$ als Lorgnette.	20 C	20 LXX	20 C	20 L	55
$-\frac{1}{4}$	$-\frac{1}{4}$	$-\frac{1}{4\frac{1}{4}}$	$-\frac{1}{4\frac{1}{4}}$	$+\frac{1}{36}$	$+\frac{1}{36}$	$-\frac{1}{4\frac{1}{4}}$	$-\frac{1}{4\frac{1}{4}}$	0	0	$+\frac{1}{36}$	$+\frac{1}{36}$	Vacat.	Vacat.	$-\frac{1}{12}$ $-\frac{1}{12}$ für die Nähe.	20 XL.	20 XL.	20 XXX	20 XXX	22

		7	7	XI.	XI.	XI.
Vacat.	Vacat.	$-\frac{1}{14}$	$-\frac{1}{14}$	$\frac{20}{C}$	$\frac{20}{LXX}$	$\frac{20}{I.}$
Vacat.	Vacat.	$-\frac{1}{8}$	$-\frac{1}{C}$	$\frac{20}{LXX}$	$\frac{20}{LXX}$	$\frac{20}{I.}$
Vacat.	Vacat.	keine		$\frac{20}{C}$	$\frac{20}{C}$	$\frac{20}{C}$
Vacat.	Vacat.	$-\frac{1}{8}$	$-\frac{1}{8}$	$\frac{20}{CC}$	$\frac{20}{L.}$	$\frac{20}{CC}$
Vacat.	Vacat.	$-\frac{1}{8}$	$-\frac{1}{8}$	$\frac{20}{CC}$	$\frac{20}{L.}$	$\frac{20}{L.}$
Vacat.	Vacat.	Vacat.		$\frac{20}{L.}$	$\frac{20}{L.}$	$\frac{20}{L.}$
Vacat.	Vacat.	$-\frac{1}{4}$	$-\frac{1}{4}$	$\frac{20}{CC}$	$\frac{20}{\text{Finger ohne Pauze}}$	$\frac{20}{CC}$
Vacat.	Vacat.	$-\frac{1}{7}$	$-\frac{1}{7}$	$\frac{20}{CC}$	$\frac{20}{CC}$	$\frac{20}{LXX}$